El quanto de energía

Juan P. Rambla

DEDICATORIA

A Gaizka y Urko

El quanto de energía

Juan P. Rambla

En cuestión de ciencia, la autoridad de miles no vale más que el humilde razonamiento de un único individuo

Galileo Galilei

Tabla de contenido

Prólogo

En este libro partimos de una premisa arriesgada, de que existe una partícula elemental de la que se generan el resto de las partículas. Esta partícula es el quanto de energía, que lo definimos en el primer capítulo, partiendo de la base de que la fórmula de Planck debe estar discretizada para poder cumplir con muchas de las premisas de la física cuántica, empezando por la catástrofe de infrarrojos.

A partir de esa premisa, se definen el resto de las partículas, como compuestas de estos quantos de energía.

El trabajo que se presenta va paso a paso, evitando fórmulas matemáticas que pudieran complicar la explicación, y dejando abierta al debate todas y cada una de las hipótesis que se plantean.

Ya que este planteamiento, desarrollado, permite relacionar la gravedad con los campos eléctricos, estudiar el movimiento del fotón, la importancia del gluon como generador de partículas o el por qué existe la materia mayoritariamente en el universo frente a la testimonial antimateria.

Se presentan conceptos como la Frontera de Urko, el horizonte de Gaizka, la fuerza particular o el bosón eléctrico, y se aventuran hipótesis arriesgadas, como que el electrón se compone de quarks unidos por un bosón W.

Más adelante, se realizan unos apuntes sobre agujeros negros y su relación con el Big Bang.

Así que, sin más, adelante. Y estudiar lo que se presenta con espíritu crítico, ya que en este mundo estamos para aprender.

El quanto de energía

El fotón no existe

Es una apuesta arriesgada empezar afirmando que una de las partículas fundamentales en realidad no existe. El fotón sí existe, pero no como partícula elemental, sino como partícula compuesta.

Partamos de las hipótesis de Planck, allá por los albores del siglo XX. Estudiando la emisión de energía de un cuerpo negro llegó a la conclusión de que la emisión de energía se realizaba por medio de unas partículas que portaban la energía. Las llamó fotones. Fue la manera de explicar la catástrofe de ultravioleta.

Planck demostró que la energía que posee un fotón está relacionada con la frecuencia a la que vibra en su movimiento ondulatorio, y vio que era directamente proporcional a esa frecuencia:

$$E = hf$$

Sin embargo, cuando se estudia esa fórmula, que es una función lineal, se ve que un fotón que se desplazara a frecuencia 0, su energía sería también 0.

Tendríamos un fotón que se desplazaría en línea recta y que no podría relacionarse con nada, ya que no tendría energía para hacerlo.

Esto chocaría con la base de la teoría ondulatoria, que nos dice que todo movimiento es ondulatorio. Desde De Broglie hasta Schrödinger, se demostró que el movimiento de una partícula está asociado a una función de onda.

Esto significa que la frecuencia del fotón nunca puede ser 0. O lo que es lo mismo, que nunca se anula la fórmula anterior.

Y para que eso tenga sentido en la ecuación de Planck, sólo existe una posible solución, y ésta es que la energía esté cuantificada, o sea, que la frecuencia tome valores discretos.

Esto sólo se puede resolver su aparece un paquete de energía mínimo, al que llamaremos quanto de energía.

Un fotón que tenga un único quanto de energía tendrá una frecuencia mínima, y una longitud de onda asociada según la fórmula:

$$c = \lambda f$$

Que relaciona la frecuencia y la longitud de onda con la velocidad de la luz en el vacío y en ausencia de gravedad.

Un fotón con dos quantos de energía tendrá el doble de frecuencia y la mitad de longitud de onda. Con tres quantos, el triple de frecuencia y un tercio de longitud de onda, y así sucesivamente.

Se podría pensar que el fotón es una partícula que alberga quantos de energía

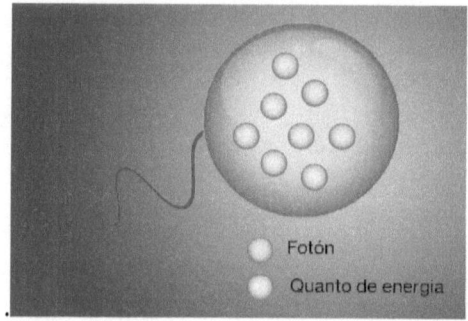

Pero si volvemos al fotón con un solo quanto de energía, tendríamos dos partículas en una, el quanto de energía y el fotón que lo transporta. Si realmente fueran dos partículas, podrían separarse. Y si se separaran obtendríamos un quanto de energía, una partícula elemental con energía, y un fotón, sin energía.

De las dos partículas, tan sólo el quanto de energía es capaz de mantener la condición de partícula, por lo que podríamos concluir que el fotón, en realidad, no existe, sino que está formado por un paquete de quantos de energía unidos.

Para que esos quantos de energía se mantengan unidos formando una partícula debe de existir una nueva fuerza que los una. A esa fuerza la hemos denominado "fuerza particular".

El fotón ya no es una partícula elemental, sino que está compuesta de otras partículas, los quantos de energía, que a su vez se mantienen unidos formando el fotón mediante esa nueva fuerza particular

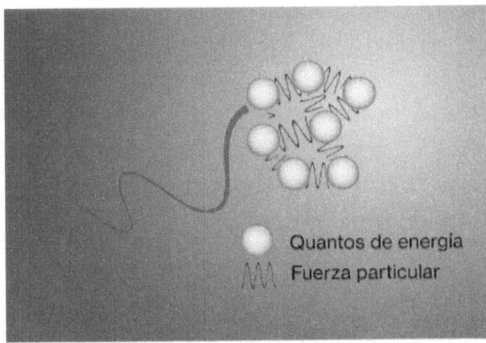

El fotón transporta energía, y perdiendo o ganando quantos de energía puede modificar su frecuencia, y también su energía. El fotón transmite energía ya que puede ceder esos quantos de energía a otras partículas, como veremos más adelante.

El quanto de energía y la fuerza particular son dos conceptos nuevos, pero que van a permitir explicar con bastante exactitud el funcionamiento de las partículas.

Lo mismo que la existencia del fotón puede explicar la catástrofe de ultravioleta, el quanto de energía puede explicar la catástrofe de infrarrojo, ese problema que se produce cuando la emisión de fotones se realiza con longitudes de onda muy grandes, lo que supone que la emisión de fotones tienda a infinito.

El quanto de energía limita esa emisión de fotones. No es infinita ya que la energía queda limitada por el quanto de energía.

El quanto de energía, la única partícula elemental

En el capítulo anterior hemos visto cómo el fotón no es realmente una partícula fundamental, sino que se compone de quantos de energía. Ahora plantearemos la hipótesis de que el resto de partículas también están compuestas de quantos de energía.

Hay un hecho que nos viene a demostrar esa hipótesis, de que todas las partículas en realidad están compuestas de quantos de energía.

Cuando una partícula se encuentra con su antipartícula, ambas se aniquilan, dando lugar a dos fotones muy energéticos, procedente cada uno de ellos de una de las partículas.

Como hemos visto en el capítulo anterior, el fotón es una partícula compuesta de quantos de energía, por lo que sería lógico pensar que las dos partículas que se aniquilaron estuvieran compuestas también por quantos de energía.

La diferencia entre el fotón final y la partícula inicial vendría por el entrelazamiento que tendrían los quantos de energía que la componen.

La fuerza particular que mantiene unidos a los quantos de energía puede adoptar diferentes entrelazamientos, y a partir de ellos, diferentes partículas.

Si partimos de la hipótesis de que el quanto de energía es la única partícula fundamental, se pueden explicar fácilmente muchos fenómenos:

- Los intercambios energéticos resultan muy sencillos de explicar. Un fotón, el transporte de energía, puede ceder o adquirir quantos de energía, que pasan a formar parte o proceder de la partícula con la que interacciona.
- Los quantos de energía se integran en la partícula, dotándola de más energía, o la partícula los pierde, perdiendo a su vez energía.
- Las partículas pueden mutar, como por ejemplo cuando se desintegra alguna partícula creándose otras diferentes, entre ellas por ejemplo el neutrino.

Los quantos de energía por tanto serían la única partícula fundamental. La forma en que se entrelazan entre ellos, unidos gracias a la fuerza particular, es la que da lugar a la esencia de la partícula.

Por tanto, partimos de quantos de energía que se mantienen unidos gracias a la fuerza particular, pero para que estos quantos de energía se manifiesten como una u otra partícula, es necesario que mantengan un entrelazamiento estable entre ellas.

En resumen, las partículas se compondrían de quantos de energía entrelazados entre sí de una manera estable y unidos mediante la fuerza particular.

Por tanto, tendríamos tres premisas fundamentales:

- Las partículas se componen de quantos de energía
- La fuerza que mantiene unidos los quantos de energía en la partícula es la fuerza particular
- Los quantos de energía forman diferentes partículas según el entrelazamiento que posean.

Con estas tres premisas podemos explicar el funcionamiento de todas las partículas conocidas, pero con unas particularidades especiales.

Algunas de las partículas conocidas se mantienen estables por sí mismas, mientras otras precisan de otras partículas para subsistir. Unas forman la esencia de la partícula mientras otras las parasitan para crear otras partículas dentro de ellas.

Por ejemplo, el protón es una partícula compleja, formada por un gluon y tres quarks, que por separado no podrían existir, un bosón de Higgs que adquiere quantos de energía de las diferentes partículas que lo componen y que le da la masa, y un bosón eléctrico que lo mismo que el de Higgs, proporciona carga eléctrica al protón partiendo de quantos de energía de los diferentes elementos que componen ese protón.

Además, como veremos más adelante, el protón es una partícula dinámica, que muta cuando está dentro de un núcleo atómico constantemente entre protón y neutrón, y que es capaz de crear positrones, electrones y bosones W.

Por el contrario, en el extremo opuesto de esta partícula tan compleja está el fotón, compuesto por un entrelazamiento simple de quantos de energía, de manera que no alberga dentro de él ninguna otra partícula, por lo que no manifiesta ni carga eléctrica ni masa.

Una partícula intermedia es el neutrino que, como veremos más adelante, es muy especial, ya que puede mutar entre neutrino y antineutrino, y cambiar su masa por el bosón de Higgs asociado.

Si representamos en una gráfica la energía necesaria para desestabilizar una partícula frente a la complejidad del entrecruzamiento, veríamos dónde se sitúan las diferentes partículas elementales.

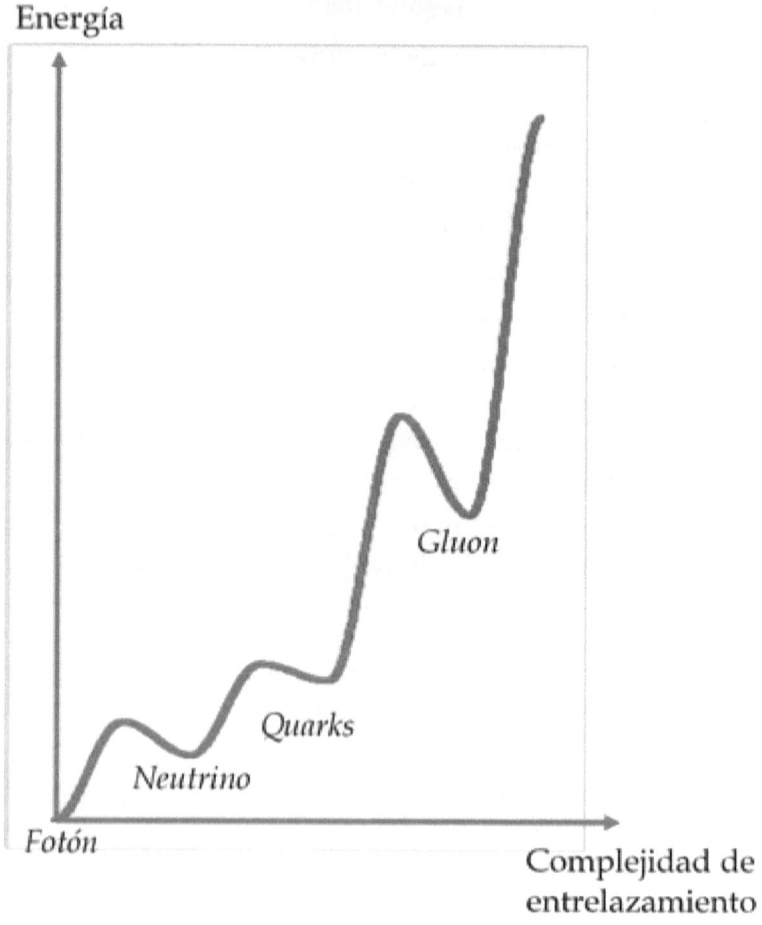

En la gráfica se ve que el fotón, el neutrino y el gluon son partículas muy estables. Hace falta mucha energía para desestabilizarlas. En cambio, los quarks rápidamente decaen en otras partículas, son muy inestables.

El quark aumenta su estabilidad en la presencia de un gluon. Dentro de su campo de influencia se mantiene estable.

De la gráfica hemos sacado las partículas parásitas, como son el bosón eléctrico, el bosón W y el bosón de Higgs. Más adelante explicaremos su funcionamiento y cómo se mantienen estables tan sólo dentro de otras partículas.

Y aunque echamos de menos al electrón, veremos que se trata de una partícula más compleja de lo que parece.

Caracterizando el quanto de energía

Aunque están perfectamente delimitados los límites energéticos determinados a partir de la constante de Planck, a la hora de intentar definir la energía que tendría un quanto de energía, es muy difícil establecer parámetros.

De momento la única manera de poder discretizar ese valor es a través de la sensibilidad de nuestros aparatos de medida, que marcarían los límites superiores de la energía que podría tener ese quanto de energía.

Estamos seguros de que tarde o temprano se encontrará la manera de teorizar y calcular ese valor, pero de momento no se ha logrado determinar cuanta energía tiene esa partícula fundamental.

Por otra parte, aparece también el problema de que cuanta menos energía tiene un fotón, cuantos menos quantos de energía tiene, más difícil es el poder determinar experimentalmente la energía que posee ya que es más complicado de detectar.

Un camino para hacernos una idea de la energía que puede tener un quanto de energía puede ser a partir de la masa teórica del fotón. Si partimos de esa masa y la convertimos en energía en reposo, podríamos determinar al menos el límite superior de esa energía.

Aunque hay diversos teóricos que han tratado de determinar esa masa, el sistema más aceptado ha sido la determinada mediante el estudio de vientos solares.

Éstos hablan de una masa de 10^{-18} eV/c2, lo que supone $1,7 \cdot 10^{-54}$ Kg

Aplicando la fórmula de Einstein, la masa del fotón equivaldría:

$$E = mc^2$$

Calculando la energía procedente de un teórico fotón en reposo, ésta sería de $1,53 \cdot 10^{-37}$ Julios

Y si aplicamos la fórmula de Planck

$$E = hf$$

Obtendríamos una frecuencia de $2,3 \cdot 10^{-4}$ Hz

Esto equivale a una longitud de onda de $1,3 \cdot 10^{12}$ m

En el siguiente gráfico se pueden ver las diferentes frecuencias de las ondas electromagnéticas:

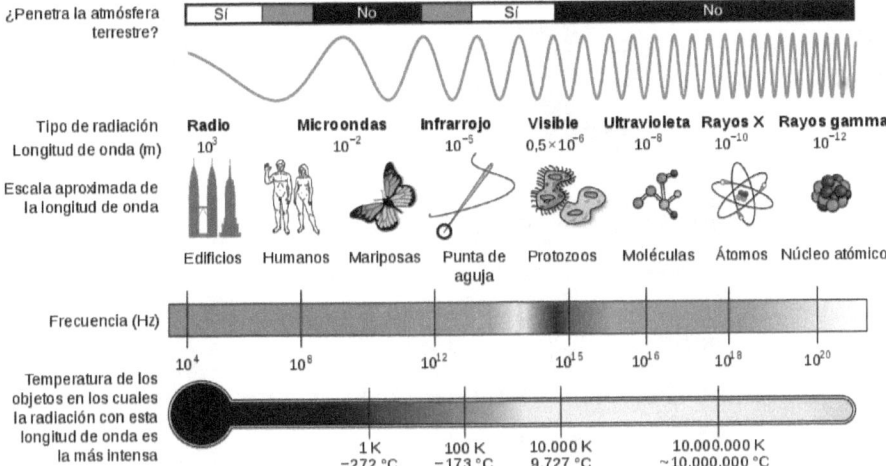

Queda muy por debajo de las longitudes de onda de radio, por lo que su detección es extremadamente complicada.

Por otro lado, queda patente que la onda electromagnética por ejemplo del espectro visible está formada por un fotón con un número muy grande, de al menos 10^{19} quantos de energía.

Resumen de lo expuesto en este apartado

En este apartado hemos sentado las bases de todo lo que se expondrá a lo largo del libro:

"El fotón no es una partícula fundamental, sino que está compuesta de quantos de energía"

"Todas las partículas están compuestas de estos quantos de energía"

"Existe una fuerza, a la que hemos denominado Fuerza Particular, que es la responsable de mantener unidos a los quantos de energía dentro de la partícula"

"Las diferentes partículas se forman por diferentes entrelazamientos estables de quantos de energía"

"La energía máxima que puede tener un quanto de energía es de $1,53x10^{-37}$ julios"

El entorno físico

El concepto de velocidad de escape

Cojamos la manzana de Newton y lancémosla hacia arriba. Subirá unos metros y luego volverá a caer. La lanzamos a una velocidad, se va decelerando hasta que se para, y vuelve a caer, llegando otra vez a nuestra mano a la misma velocidad a la que ha salido.

Si la lanzamos más fuerte, subirá más metros, parará y volverá a caer.

Hay una velocidad a la que si lanzamos la manzana ya no vuelve a caer. Cuando se detiene, se queda ya en órbita, y la fuerza de la gravedad ya no es capaz de hacerla caer.

Esa velocidad se denomina velocidad de escape. Para mandar un satélite al exterior lo que se hace es acelerarlo hasta que alcanza esa velocidad, y una vez alcanzada, ya no es necesario empujar más con el cohete, ya que sigue sólo hasta su órbita.

La fórmula para calcular la velocidad de escape es la siguiente:

$$V_e = \sqrt{\frac{2GM}{R}}$$

Siendo G la constante gravitatoria universal, M, la masa y R la distancia hasta el centro de esa masa.

Cuanto mayor es la masa de un cuerpo, mayor es la velocidad de escape necesaria para salir de su fuerza gravitatoria. Así pues, es más fácil escapar de la tierra que del sol, y que del sol que de un agujero negro.

La velocidad de escape de un agujero negro es la de la luz. Por eso se dice que nada puede escapar de un agujero negro, ya que para salir de él debería hacerlo a una velocidad superior a la de la luz.

La fórmula de Einstein

Es interesante recuperar la fórmula de Einstein de la energía, y ver qué significa cada una de sus dos partes.

La fórmula en concreto es:

$$E^2 = m^2c^4 + \rho^2c^2$$

Vemos que la energía depende de dos factores principales. De la masa y del momento lineal de la partícula.

Si suponemos que el momento lineal de la partícula es muy pequeño, se podría considerar el segundo miembro de la ecuación despreciable. La fórmula quedaría como sigue:

$$E^2 = m^2c^4$$

O lo que es lo mismo:

$$E = mc^2$$

Que representa la energía que posee una partícula por el mero hecho de tener masa. En el caso de los fotones, partículas sin masa que se mueven a la velocidad de la luz, la primera parte de la fórmula se anula, quedando:

$$E^2 = \rho^2c^2$$

Reduciendo:

$$E = \rho c$$

En el caso del fotón el movimiento de traslación equivale a la velocidad de la luz, mientras que el momento lineal se relaciona directamente con la frecuencia con la fórmula de Planck. En el caso de una partícula con masa es mucho más complejo, ya que la velocidad de traslación no es la de la luz, por lo que el momento lineal de la partícula es una relación entre su frecuencia de giro y su velocidad.

El dualismo partícula-antipartícula

Una antipartícula es un ente que se comparte de forma antagónica a su partícula. Por ejemplo, un positrón, la antipartícula del electrón, tiene carga positiva y en ella el tiempo viaja hacia atrás. Además, gira en sentido contrario al electrón.

Pero, sin embargo, tanto la partícula como su antipartícula mantienen la misma masa.

También, desde de la nada, a partir de la existencia de energía suficiente, se pueden formar un par partícula-antipartícula de determinadas partículas.

Otro concepto interesante dentro de la antipartícula es el tiempo. En ellas corre al revés. Es como si las antipartículas viajaran del futuro al presente, de un futuro que aún no ha sucedido hasta ahora, y cuando cruza nuestro presente desaparecen hacia el pasado.

Todos estos aspectos curiosos de las antipartículas proceden de la resolución de las ecuaciones de Dirac, que admite soluciones negativas.

Lo que inicialmente era la resolución de una ecuación dio lugar al descubrimiento de la primera antipartícula, el positrón, que es un electrón con la masa de un electrón, pero con carga positiva.

Posteriormente aparecieron los antiprotones, antineutrones y antineutrinos, las antipartículas de otras partículas elementales y complejas.

Y también los antiquarks que, como los quarks, no han podido ser encontrados en solitario, sino ligados a otros quarks formando mesones.

Las antipartículas tienen otra característica. Si se encuentran una partícula y su antipartícula en un mismo espacio cuántico, se aniquilan, formando un par de fotones altamente energéticos.

También hay partículas que son su propia antipartícula, como el fotón. Esto es debido a que cuando un fotón se encuentra con el hipotético antifotón, se aniquilarían dando lugar… a dos fotones.

Por último, en el neutrino aparece un fenómeno curioso. Hay una oscilación entre el neutrino y el antineutrino. La misma partícula es durante un tiempo neutrino, y durante otro, antineutrino.

Este comportamiento de los neutrinos y los antineutrinos, oscilando entre ellos, nos van a dar una pista muy importante de la relación entre la materia y la antimateria, y nos permitirá formular una interesante hipótesis.

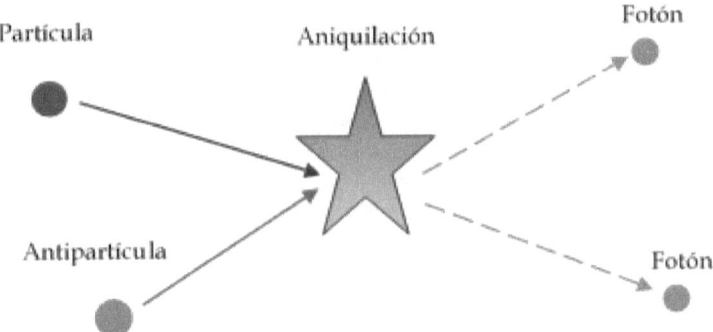

El pozo infinito y finito

Uno de los conceptos más interesantes de la mecánica cuántica es el del pozo. Imaginemos un pozo de paredes tan altas que no es posible subirlas. Y en el fondo del pozo, una partícula moviéndose.

La partícula se desplazará de un lado al otro del pozo, rebotando, y moviéndose como una onda, con una peculiaridad: el número de nodos que tiene esa onda es un número siempre entero debido al resultado de resolver las ecuaciones de Schrödinger.

A nivel de partícula, es como si esa partícula estuviera retenida en un espacio debido a que existen fuerzas (ya veremos más adelante qué fuerzas pueden ser esas) que no la dejan escapar. Esa partícula tiene su energía, pero para salir de ese pozo necesita más energía de la que posee:

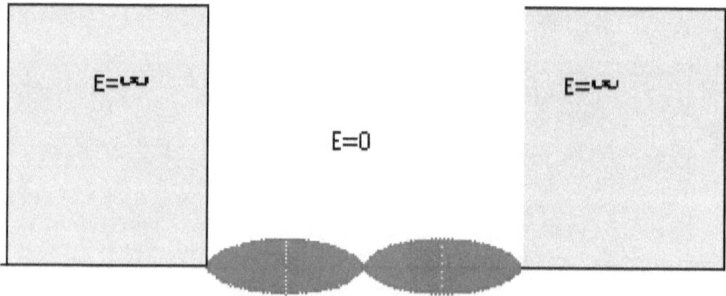

En el ejemplo, en una dimensión, se puede apreciar, para una partícula poco energética, la zona por la que se moverá. Se puede asumir que en este caso que la partícula se mueve por la zona oscura, que el punto medio entre nodos es precisamente donde con mayor probabilidad se puede encontrar la partícula, mientras que en los nodos la probabilidad de encontrarla es nula.

Esto es para un pozo cuyas paredes están formados por energía infinita. También se puede plantear que la energía necesaria para traspasar esas paredes no es infinita, por lo que la partícula podrá penetrar en ellas parcialmente o incluso superarlas.

Hay que señalar que cuanta más energía tenga la partícula, más nodos formará. En el ejemplo hay un nodo, y puede haber un número muy elevado de nodos. Y cuanta más energía tenga la partícula, no sólo más nodos tendrá, sino que más rápidamente viajará.

Hay una energía mínima, con 0 nodos intermedios. Es la energía mínima que puede tener una partícula. Pero siempre, siempre, la partícula se moverá. Es la esencia de la partícula, el movimiento, y la oscilación.

El estudio del pozo de energía lo hemos planteado para una partícula unidimensional, que se mueve entre las paredes, con un movimiento ondulatorio, tal y como predice la física cuántica.

Hay que tener en cuenta una serie de detalles importantes.

El primero, si las paredes energéticas están muy separadas, la partícula, con la misma energía, describirá un movimiento ondulatorio con los mismos nodos, pero con una longitud de onda mayor. En cambio, si las paredes están más cercanas, para la misma energía, si el pozo es más pequeño la longitud de onda será menor.

Esto supone que, para mayor longitud de onda, menor será la frecuencia, relacionándose la longitud de onda y la frecuencia con los límites de ese pozo infinito.

Como ejemplo, podríamos abstraer el poco de paredes infinitas a la velocidad de la luz en el vacío en ausencia de gravedad. Ninguna partícula puede superar la velocidad de la luz, por mucha energía que tenga. Y el fotón, moviéndose a esa velocidad de la luz, relaciona su frecuencia con su longitud de onda.

Los estados energéticos estables

Las partículas ocupan lugares definidos dentro del espacio-tiempo. Así pues, los nucleones que componen el núcleo atómico están separados por la distancia justa. Tienen limitado el espacio entre ellas. No pueden acercarse demasiado, ni tampoco alejarse, ya que se disgregarían.

Los electrones no pueden tampoco acercarse demasiado al núcleo, ya que la fuerza eléctrica de atracción entre protones y electrones haría que se destruyeran. Tampoco alejarse demasiado del núcleo, ya que éste los perdería.

Además, los electrones se distribuyen por capas, de manera que en unas capas caben más electrones que en otras.

Pero estas distancias no son casuales. El electrón no se sitúa a determinada distancia, como podría pensarse, porque en ella se equilibra la fuerza eléctrica de atracción con la centrípeta por la velocidad.

En realidad, el electrón se coloca en esos puntos exactos porque energéticamente, en esa capa, el electrón es estable, se sitúa en un pozo finito energético. Y es un pozo finito porque en determinadas circunstancias puede saltar a otro estado energéticamente estable.

Los límites energéticos los marcan las diferentes fuerzas de la naturaleza.

Se crean estados energéticos estables e inestables. Para pasar de un estado energético estable al siguiente se deben superar barreras energéticas. Podríamos pensar que, si una partícula no tiene energía suficiente como para saltar de uno a otro, penetrará en parte en él, pero generalmente no alcanzará la cumbre energética para poderlo superar.

Al contrario de lo que ocurre en la física clásica, en la cuántica una partícula, aunque no tenga la energía suficiente, puede saltar de un estado energético a otro. Es cuestión de estadística. Cuanta mayor sea su energía intrínseca, mayor será la probabilidad de que ese hecho ocurra.

Para entender mejor los estados energéticos estables, nos podemos fijar en la estructura del átomo. El núcleo atómico, por su movimiento, por las fuerzas nucleares que lo componen, crea ciertos ecos energéticos que se expanden en el espacio. Esas fuerzas hacen que hasta determinada distancia del núcleo atómico no sea posible que ninguna partícula se coloque, ya que es repelida por él.

A cierta distancia se crea un hueco energético que admite partículas, pero sólo en un número determinado. A esa distancia se colocan electrones, pero sólo caben dos. Después aparece una nueva zona prohibida, energéticamente potente, hasta que se alcanza un nuevo espacio donde pueden aparecer partículas, y en un número mayor, en este caso ocho electrones, y así sucesivamente.

Esto nos indica varias cosas:

- Los campos de fuerzas que se crean son ondulatorios. Se suman entre sí como ondas, creando zonas donde las crestas se suman y otras se restan. Se crean campos ondulatorios estáticos.
- Si se crean campos de fuerzas ondulatorios es que las partículas que las crean también oscilan.
- La oscilación del campo de fuerza es la suma de ondas de diferentes frecuencias y amplitudes, pero todas estáticas, ya que los espacios energéticos estables se mantienen en los mismos lugares sin variar.
- Al entrar una partícula en un estado energético, lo modifica también, aumentando su energía y limitando la presencia de otras partículas en él.

Resulta interesante comprobar cómo se crean esos pozos energéticos en los que se pueden mover las partículas, y cómo la mera presencia de esas nuevas partículas también influye en los estados energéticos, como lo demuestra el hecho de que en determinadas capas alrededor del núcleo sólo quepan un número determinado de electrones.

Las fuerzas pueden ser positivas o negativas, entendiendo por positivas las de atracción y negativas las de repulsión. Así pues, alrededor del núcleo aparecen fuerzas positivas que atraen a los electrones y los mantienen en las capas estables.

Las fuerzas oscilantes se suman vectorialmente y la amplitud decrece a medida que se alejan del núcleo, pero se producen crestas y valles por la suma de las diferentes ondas que se crean alrededor de él.

Las ecuaciones de Maxwell en las cercanías del núcleo atómico

Existe, como hemos visto. un problema con la continuidad del campo electromagnético en las proximidades del núcleo atómico.

Esto se debe a que las cargas que se producen son oscilantes. En el núcleo atómico aparecen y desaparecen cargas eléctricas positivas y negativas. Aparecen piones positivos y negativos y los bariones oscilan entre protones y neutrones.

La carga eléctrica del núcleo se mantiene estable en su conjunto, pero la posición en el tiempo de las cargas es oscilante.

La experiencia nos indica que todas estas oscilaciones crean campos ondulatorios estacionarios, que se suman entre sí, de manera que, como se ha comprobado en el capítulo anterior, aparecen zonas altamente energéticas donde las partículas no pueden encontrarse, y otras donde es más probable que se sitúen, formando crestas y valles energéticos, tal y como se vio en el capítulo dedicado a los pozos finito e infinito.

Además, al situarse una partícula en esos valles, también deforma el campo por su propia carga por lo que las funciones de onda se complican.

En definitiva, las partículas van a tender a colocarse en zonas energéticamente más estables, mientras que de las zonas más inestables serán expulsadas, todo ello mediante una función de onda creada por la oscilación de las partículas y por el intercambio de piones dentro del núcleo atómico.

Esto significa que las ecuaciones de Maxwell de la teoría clásica de campos no son aplicables en las cercanías del núcleo. Hay que elaborar un nuevo y complejo desarrollo matemático que permita describir el funcionamiento de los campos en las proximidades del núcleo atómico, desde el punto de vista oscilatorio.

A pesar de la complejidad de las variables que intervienen en ese desarrollo matemático, se puede partir de la experiencia con respecto a la situación de las diferentes capas electrónicas alrededor del núcleo, sabiendo que estas capas están bien definidas y que los campos ondulatorios que se crean son estacionarios.

Hay que tener en cuenta también que la existencia de esos campos estacionarios deformados a su vez por la presencia de partículas electrónicas en las zonas donde la energía de los pozos de energía es menor, se podrán aplicar también al núcleo atómico y podrán explicar el intercambio energético de las fuerzas nucleares débil y fuerte.

No es tarea fácil este reto, y escapa a los límites de este desarrollo. Este desarrollo permitiría concluir que la teoría cuántica del espacio, del tiempo y de la energía se basa en fenómenos oscilatorios estacionarios provocados por la fuerza particular, la que mantiene unidos a los quantos de energía formando partículas, y sus consecuencias gravitatorias, electromagnéticas y nucleares.

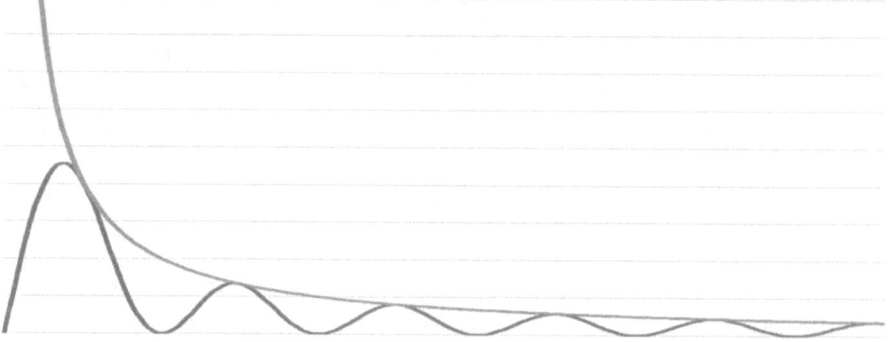

El gráfico representa el campo eléctrico calculado por las ecuaciones de Maxwell. Se ve cómo va descendiendo la fuerza según se aleja del núcleo.

El inferior representa el real, en el que se ve cómo es oscilante ese campo eléctrico, con máximos y mínimos. Según se aleja del núcleo ambas gráficas convergen.

En las cercanías del núcleo sin embargo la carga eléctrica alcanza máximos que hacen que se coloquen ahí los electrones, y no en otros espacios, donde la carga eléctrica es menor.

Las 4 fuerzas fundamentales

En la naturaleza hay 4 fuerzas fundamentales que son las que rigen el comportamiento del universo.

Tenemos la fuerza electromagnética, que crea campos eléctricos y magnéticos, y que están relacionadas entre sí. Así pues, las cargas eléctricas dinámicas crean campos magnéticos, y los campos magnéticos variables influyen en el movimiento de las partículas cargadas. Aunque son dos fuerzas diferenciadas, parten de la misma esencia y por eso se consideran una única fuerza fundamental.

Las partículas con carga eléctrica crean campos magnéticos a su alrededor, ya que siempre están en movimiento. Incluso las partículas con carga nula tienen su campo magnético, ya que, aunque las cargas eléctricas se anulen, el bosón eléctrico, como veremos más adelante, está presente.

Por otra parte, está la fuerza gravitatoria. Esta fuerza es curiosa, ya que mientras las fuerzas electromagnéticas intercambian energía entre partículas, en este caso la masa deforma el espacio tiempo, modificando de esta manera las trayectorias de las partículas.

Hay un hecho interesante entre las dos fuerzas, la gravitatoria y la electromagnética. La fuerza gravitatoria sólo tiene un valor positivo. El campo gravitatorio afecta a todas las partículas con masa, atrayéndolas entre sí.

El campo eléctrico tiene dos valores diferenciados, positivo y negativo. Las cargas del mismo signo se repelen entre sí, mientras que las de distinto signo se atraen

Y por último el campo magnético también tiene dos valores diferenciados, norte y sur, que se repelen entre sí son del mismo signo o se atraen su son de diferente. Pero con una diferencia fundamental. Mientras existen cargas positivas y negativas diferenciadas, los polos norte y sur del campo magnético están unidos, no existen monopolos magnéticos.

La tercera fuerza fundamental es la fuerza nuclear. La fuerza nuclear, como veremos más adelante, la crea el gluon. Tradicionalmente se consideran dos fuerzas nucleares, la débil, que mantiene a los quarks unidos en el barión, y la fuerte, que es la encargada de que los núcleos atómicos existan conformados por varias partículas.

Veremos más adelante que las dos fuerzas están relacionadas, ya que esta fuerza nuclear actúa sobre los quarks, que pueden compartirse en forma de mesones y conformar un núcleo atómico.

Por último, tenemos la fuerza particular. Esta fuerza es la que mantiene unidos a los quantos de energía que forman las partículas elementales. Puede manifestar diferentes entrelazamientos metaestables para conformar diferentes partículas.

La dinámica del núcleo atómico

El núcleo atómico no es una estructura estática de protones y neutrones, sino una configuración dinámica de nucleones rodeados de mesones en la que, aunque no podemos saber el número exacto en cada momento de protones y neutrones que hay, sí que sabemos que la suma de todos los nucleones corresponde con el número másico del elemento, y la suma de protones y piones, el número atómico de ese elemento.

El neutrón del núcleo se descompone en un protón y un pion negativo. El protón es energéticamente más estable que un neutrón.

Ese pion podría sentirse atraído por un protón del núcleo y anularse, convirtiéndolo en un neutrón otra vez, pero no parece que sea lo más lógico, ya que supondría que la reacción *neutrón->pion- + protón* sería reversible. Si esto ocurriera, simplemente por la atracción eléctrica el pion no podría escapar del protón, aniquilándose otra vez de inmediato.

Además, dentro del núcleo atómico, el protón también se descompone, en un pion positivo y un neutrón. Aunque el protón es energéticamente más estable que el neutrón, la energía existente dentro del núcleo atómico le permite descomponerse, hacia un elemento de un nivel energético superior.

Los piones libres que aparecen en el núcleo se unen entre ellos y desaparecen, devolviendo la energía que necesitaron para formarse, que queda en el núcleo para formar nuevos piones. En el núcleo atómico por tanto tenemos dos elementos principales:

- Nucleones, que pueden ser protones o neutrones, transmutándose en cada momento entre unos y otros. Los nucleones ocupan estados cuánticos diferenciados, y están formados por 3 quarks, dos iguales y uno diferente.

- Mesones, que pueden ser piones positivos, negativos o neutros. Los piones positivos provienen de la transmutación del protón, los negativos del neutrón y los neutros aparecen en el núcleo por otras causas, descomponiéndose en dos fotones gamma.

La desintegración beta

El núcleo atómico es dinámico. En muchos casos muta, produciéndose desintegraciones. Cuando se produce una desintegración cambian las características del elemento o del isótopo. Hay varios tipos de desintegraciones o incluso fisiones conocidas.

En la desintegración alfa, el núcleo pierde una partícula alfa, o sea, un núcleo de helio formado por dos protones y dos neutrones o, como hemos visto, cuatro bariones con 2 cargas positivas.

En las reacciones de fisión, el núcleo atómico se parte y descompone en átomos más pequeños. En las de fusión, dos átomos más pequeños se unen para formar uno más grande.

Pero la que nos interesa en este capítulo es la desintegración beta. Es un tipo de desintegración en el cual varía el número atómico del elemento. O bien un neutrón se convierte en un protón, lo que sería una desintegración beta negativa, o un protón en un neutrón, denominada desintegración beta positiva.

Cuando se produce una desintegración beta se crea también un electrón o un positrón, junto con un antineutrino o un neutrino.

Un ejemplo de desintegración beta positiva:

$$^{23}_{12}Mg \rightarrow {}^{23}_{11}Na + e^+ + \vec{v}_e$$

Un ejemplo de desintegración beta negativa

$$^{14}_{6}C \rightarrow {}^{14}_{7}N + e^- + v_e$$

La desintegración beta mantiene el número másico del elemento, variando el número atómico. En los elementos, hay isótopos estables. Los isótopos de ese elemento de número másico inferior al isótopo estable sufren frecuentemente desintegraciones beta positiva, mientras que los isótopos de número másico superior sufren desintegraciones beta negativas.

Esto nos da una pista sobre la estabilidad de los núcleos atómicos y la relación entre nucleones y mesones. El decaimiento o desintegración se produce por la pérdida de un pion, que rápidamente se desintegra en un electrón o positrón y un antineutrino o neutrino, dependiendo de la carga del pion.

La desintegración beta nos va a dar muchas pistas sobre la dinámica del núcleo atómico, ya que está muy relacionada con el equilibrio entre nucleones y mesones. Cuanto mayor es el número posible de piones del mismo signo, más probable es que uno de esos piones se escape del núcleo, cambiando la fisionomía del elemento.

Un núcleo atómico con un número de nucleones determinado puede albergar un número de mesones también determinado. Si hay más mesones de los estables de uno u otro signo, alguno de ellos acabará abandonando el núcleo.

Así pues, para un átomo de un volumen determinado, habrá un equilibro entre los piones positivos y negativos que pueden producir los nucleones, de manera que si hay demasiados positivos (un isótopo ligero) tenderá a perderlos hasta encontrar el equilibro, y si hay demasiados negativos (isótopos pesados) tenderá a perderlos igualmente hasta encontrar una estabilidad.

Por ejemplo, hay bastantes isótopos con un peso atómico de 23. El oxígeno, el flúor, el neón, el sodio, el magnesio, el aluminio…

El isótopo estable de masa atómica 23 es el del sodio. El resto de isótopos sufren desintegraciones beta. Los de número atómico inferior al sodio (oxígeno, flúor y neón) desintegraciones beta negativas perdiendo piones negativos, ganando en protones, hasta alcanzar el isótopo estable del sodio. Los de número atómico superior al sodio (magnesio o aluminio) desintegraciones beta positivas, ganando en neutrones hasta alcanzar el isótopo estable del sodio.

Se puede concluir que, para una estructura de 23 bariones, la estabilidad se consigue con una suma de protones, piones positivos y piones negativos de 11.

Esto pasa para el resto de estructuras de bariones que, para un número determinado de ellos la suma entre protones y piones de diferente signo es estable en un número determinado, y cuando hay exceso de piones positivos o negativos, éstos tienden a escaparse hasta encontrar el equilibrio.

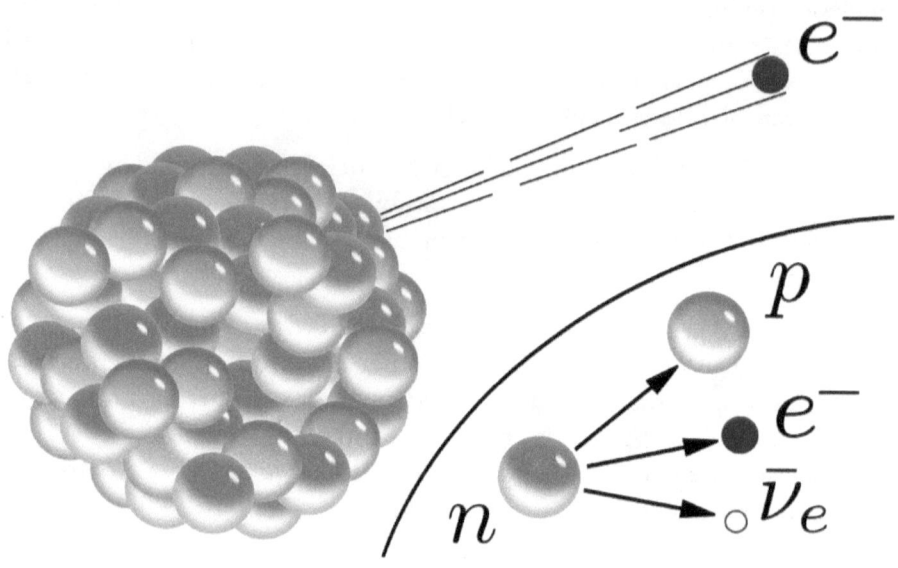

Ejemplo de una desintegración beta negativa

La desintegración alfa

Hay un tipo de desintegración muy especial, la denominada desintegración alfa, en la que un núcleo atómico pierde 2 protones y 2 neutrones, o sea, el núcleo de un átomo de helio.

Se da sobre todo en elementos pesados. Es como si dentro de ese elemento existiera un átomo de helio atrapado que cuando las circunstancias son adecuadas se consigue escapar de él.

Un ejemplo típico de desintegración alfa es la del Radio en Radón, o la del propio Radón en Polonio, que rápidamente decae también por desintegración alfa en Plomo, según la siguiente reacción:

$$^{226}_{88}Ra \rightarrow {}^{222}_{86}Rn + {}^{4}_{2}He \rightarrow {}^{218}_{84}Po + {}^{4}_{2}He \rightarrow {}^{214}_{82}Pb + {}^{4}_{2}He$$

La cadena de desintegraciones ha producido 3 átomos de helio.

El por qué una partícula alfa, se explica por su extrema estabilidad. Las partículas alfa son unas de las más estables que se conocen. Están formadas por 4 nucleones y un máximo de 2 piones.

La partícula alfa tiene como extremos 4 protones y dos piones negativos o 4 neutrones y 2 piones positivos. La actividad de este núcleo es muy limitada, y es precisamente eso lo que le proporciona la estabilidad.

Las desintegraciones de los núcleos atómicos siempre buscan un punto de mayor estabilidad energética, ya sea equilibrando el número de mesones presentes, ya sea estabilizando la estructura interna de nucleones.

Todo está cuantificado

La partícula está limitada en el espacio que ocupa por la fuerza particular. La partícula oscila debido a esa fuerza entre los límites que crea esa fuerza, como si estuviera confinada en un pozo infinito.

La discretización del espacio está limitada por campos energéticos que hacen que los quantos de energía que componen la partícula oscilen de forma estable. Los límites entre los que se mueve la partícula son realmente la cuantificación del espacio. Fuera de esos límites la partícula no puede existir, no puede escapar de esos límites energéticos.

En una partícula sencilla los límites energéticos a esa partícula los ponía la fuerza particular. La partícula oscilaba, con una frecuencia determinada. La partícula alcanzaba máximos y mínimos en su oscilación. Lo que tarda entre alcanzar un máximo y el siguiente es la cuantificación del tiempo.

Pero esto sólo vale para una partícula. Otra que se encuentre a la distancia suficiente de la primera tendrá una cuantificación del tiempo y del espacio diferente.

Sin embargo, esto cambia cuando nos encontramos con grupos de partículas ligados entre sí, como un átomo, una molécula, un volumen de agua, un planeta…

Cambia porque las partículas interaccionan entre sí creando campos gravitatorios y electromagnéticos. Y esa interacción hace que los límites en los que se puede mover una partícula ya no sean únicamente la fuerza particular, sino los creados por las partículas cercanas.

Las partículas crean núcleos atómicos en los cuales se colocan ordenadamente los nucleones que los componen, separados y unidos por la fuerza nuclear fuerte, que mantiene las estructuras atómicas estables.

Y crean campos electromagnéticos que hace que los electrones se coloquen en capas ordenadas alrededor del núcleo, no pudiendo estar en otras zonas porque las fuerzas electromagnéticas y gravitatorias del núcleo se lo impiden.

Por tanto, es la propia materia, son las propias partículas al interaccionar entre sí quienes crean los límites energéticos en los cuales pueden vibrar las partículas.

Y esa vibración también se transmite en el tiempo, por lo que las oscilaciones de las partículas se acompasan entre ellas. El tiempo de esa forma se discretiza también.

Ya tenemos el espacio y el tiempo discretizado, gracias a las interacciones de 3 fuerzas fundamentales, la gravedad, las fuerzas nucleares débil y fuerte y la fuerza particular.

Pero hay una última cuantificación, la carga eléctrica. Puede tomar 3 valores en una partícula, -1, 0 y +1. No es posible un valor intermedio ni otro superior a esas cargas eléctricas en una única partícula.

Esto también significa que partículas elementales con cargas parciales, como los quarks, no pueden existir por sí solos, tan sólo unidos y entrelazados formando partículas más complejas, como los mesones o los bariones, pero en un número determinado, ya que combinaciones que den cargas eléctricas diferentes a las cuantificadas son inestables y no pueden existir.

La cuantificación del espacio y del tiempo

Cuando se ha visto la desintegración Beta no se ha hablado de un aspecto importante. El periodo de desintegración.

Tenemos un elemento como el Cobalto 60, que sufre una desintegración beta negativa al Níquel 60 emitiendo un electrón y dos rayos gamma. El periodo de semidesintegración es de 5,27 años.

Esto significa que, si tenemos una masa de cobalto 60, esa masa se habrá reducido a la mitad en 5,27 años.

Es importante analizar este dato. El periodo de semidesintegración o vida media no significa que, si creamos un átomo de cobalto 60 bombardeando un átomo de cobalto 59 con neutrones, éste desaparezca al cabo de 5,27 años. En realidad, ese átomo puede transmutarse al segundo siguiente, o pasados 10 años. No se sabe cuándo ocurrirá. Pero sí que se sabe que, si se tiene un número elevado de átomos de cobalto 60, al cabo de 5,27 años, la mitad de ellos se habrá transmutado. Al cabo de otros 5,27 años, la mitad de los restantes se habrá transmutado. Y así sucesivamente.

¿Por qué se produce esta transmutación? Porque hay un equilibrio inestable entre la carga eléctrica (suma de protones y piones según su carga) y el número de nucleones que componen el núcleo atómico. Hay una combinación de piones negativos y positivos en el núcleo que es inestable y hace que un pion negativo se escape del núcleo, aumentando el número atómico y emitiéndose un electrón.

El que la vida media del Cobalto 60 sea 5,27 años significa que la probabilidad de que se produzca esa inestabilidad es un número fijo. Si partimos de la base de que esa inestabilidad es producida por una combinación especial de piones en el núcleo (posición, número, energía…) podemos concluir que el número de combinaciones posibles es un número finito.

O lo que es lo mismo, el espacio, el tiempo y la energía (las tres variables que influyen en la inestabilidad que provoca la emisión del pion) deben de ser variables discretas. Esto sólo es posible si el espacio, el tiempo y la energía están cuantificadas.

El campo eléctrico

Determinadas partículas crean un campo eléctrico a su alrededor. El campo eléctrico que crea una partícula tiene una carga determinada, un quanto eléctrico. En algunos casos se precisan varias partículas elementales para crear una partícula más compleja con campo eléctrico, pero siempre su carga será la misma, ya sea positiva o negativa.

La carga eléctrica, como se verá en capítulos posteriores, depende directamente de los quarks. Em ocasiones la carga eléctrica de la partícula se anula. La partícula no crea un campo eléctrico a su alrededor, pero sí que crea un campo magnético.

La carga eléctrica que crea la partícula es pulsante, y formada por diferentes componentes, de manera que se crean varios campos eléctricos formados por ondas estacionarias.

Estas ondas suman o restan su amplitud de manera que hay determinadas zonas alrededor de la partícula donde ese campo es mayor y otras en las que es menor.

Si tenemos una partícula compleja como un protón, compuesto entre otros por tres quarks y un gluon, éstos crean un campo eléctrico complejo formado por, como se ha dicho, diferentes campos estacionarios que suman o restan sus amplitudes.

Alrededor del protón, en determinadas zonas, se forman espacios, superficies, en las que la carga eléctrica alcanza su máximo, y otras en las que el campo es muy pequeño.

Cuando un electrón se acerca a un protón, tiende a colocarse en la zona donde el campo eléctrico es mayor. Pero a su vez, también modifica con su presencia el campo eléctrico a su alrededor, de manera que se anula la carga eléctrica del conjunto. Se ha creado un átomo de hidrógeno.

Si se suman más protones al núcleo (con sus neutrones y piones), también se suman sus campos eléctricos estacionarios, con zonas donde se alcanza el máximo.

Según ese núcleo atrae electrones, éstos se van colocando en los espacios donde el campo eléctrico positivo generado por el núcleo es máximo, modificando además esos campos, de manera que, en la capa más cercana al núcleo, cuando se colocan 2 electrones, se anula el campo, y los electrones se situarán en capas sucesivas, que irán modificando con su carga, de manera que en cada una de las capas sólo pueden situarse un determinado número de electrones.

Estas capas, estacionarias, formadas por campos eléctricos pulsantes provocados por la oscilación de las partículas del núcleo, son las responsables de la mayoría de las reacciones químicas que conforman las moléculas. En estas capas se colocan los electrones, tal y como veremos en un capítulo posterior.

Las capas se comportan como pozos de energía finitos. El electrón oscila entre los límites de esos pozos, que a su vez son oscilantes ya que están provocados por el movimiento de las partículas del núcleo. Hay que ver en este caso el pozo de forma un poco especial. Las zonas energéticamente prohibidas, las que limitan el pozo, son aquellas en las que la carga eléctrica positiva se anula.

El electrón se sitúa en la zona donde la carga positiva es máxima. Ahí es donde se coloca. Y el electrón influye también en la creación de nuevas capas. El núcleo crea la primera capa, con una carga eléctrica correspondiente a los quantos de carga eléctrica del propio núcleo. Así pues, un núcleo con 12 protones creará una primera capa con una carga positiva correspondiente a 12 quantos de carga.

Pero cuando dos electrones, que corresponden a 2 quantos de carga eléctrica, se sitúan en esa capa, la saturan, desplazando con su presencia el campo eléctrico de los 10 quantos eléctricos siguientes a una capa más alejada.

En esta capa caben 8 electrones, y cuando la saturan, se desplaza también la capa de quantos de carga positiva, de los 2 que quedan, a una capa más exterior. En este caso cuando en esa capa se sitúen 2 electrones, aunque la capa pueda admitir más electrones, no los atraerá porque se ha anulado la carga eléctrica.

En este caso, el elemento con 12 protones es el magnesio. Su capa más exterior admite más electrones, de manera que se puede combinar con otros elementos para formar moléculas, compartiendo electrones de su capa más exterior.

Hay que señalar que hablamos de 12 protones para simplificar. En realidad, el magnesio tiene 24 nucleones en su isótopo más estable, por lo que tendrá una combinación de protones, neutrones y piones que mantendrán la carga positiva de 12 quantos eléctricos, entendiendo por quanto eléctrico la carga de un protón.

El campo eléctrico que se crea es independiente de la energía que tenga el núcleo. Las partículas que componen el núcleo oscilan de forma equilibrada, ya que intercambian energía entre ellas hasta lograr el equilibrio.

Como el campo eléctrico que se forma es siempre el mismo, y depende de la suma de ondas estacionarias provenientes del núcleo, aunque la frecuencia de oscilación del núcleo varíe, la suma de las amplitudes de onda de las ondas estacionarias no varía, y el espacio eléctrico donde se puede colocar el electrón se mantiene estable.

El campo gravitatorio

En el capítulo anterior se ha comprobado que el campo eléctrico crea campos oscilatorios estacionarios que se suman, creando zonas en las que la carga es mayor, en contraposición de otros en los que la carga eléctrica es nula.

Pero las partículas también crean un campo gravitatorio, aunque hay que hacer ciertas puntualizaciones sobre este campo.

En realidad, las partículas con masa, por su mera presencia, lo que hacen es modificar el espacio-tiempo a su alrededor. Encogen el espacio-tiempo, en mayor medida según la masa que posean.

Cuanto mayor es la gravedad, más cuesta atravesar el espacio tiempo. En el horizonte de sucesos de un agujero negro, el espacio-tiempo está tan deformado que la luz se detiene en él.

Alrededor de las partículas también se produce una deformación del espacio-tiempo, producido por la gravedad. Así pues, cuando la gravedad es muy importante, el espacio-tiempo se encoge alrededor de la partícula, afectando al campo eléctrico.

La zona donde se alcanza el máximo de carga eléctrica, donde se ha visto que se sitúan los electrones, se acerca al núcleo.

Este efecto es muy patente en la formación de estrellas de neutrones, donde la gravedad es tan importante que el espacio donde se forma el máximo de carga, donde se sitúa la órbita de los electrones, está tan cerca del núcleo que éstos caen sobre él, anulándose la carga eléctrica.

Los electrones en este caso se combinan con los piones positivos que circulan por la superficie del núcleo, desapareciendo. Este fenómeno se analizará más adelante.

Por lo que se ve, las partículas crean dos fuerzas a su alrededor. La primera, el campo electromagnético. La segunda, la gravedad. La primera intercambia energía entre partículas. La gravedad, modifica las reglas del juego, el espacio-tiempo.

Los intercambios energéticos

Las partículas interaccionan entre sí intercambiando energía. Así pues, los quarks que componen los nucleones se equilibran, oscilando de forma acompasada. La fuerza nuclear débil es la encargada de realizar ese intercambio de energía, usando para ello la creación de piones dentro del nucleón, que veremos más adelante.

Dentro del núcleo los nucleones que lo conforman también equilibran la energía que poseen. La fuerza nuclear fuerte a través del intercambio de piones por todo el núcleo es la encargada de que todas las partículas que componen el núcleo estén equilibradas en energía.

En las moléculas hay un intercambio de energía entre los átomos, usando como vehículo los electrones que comparten, de manera que todos los átomos que las componen se encuentran equilibrados.

En un material las moléculas que lo componen intercambian energía entre sí. Los quantos de energía viajan en forma de fotones de una molécula a otra, escapando con más probabilidad de moléculas más energéticas hacia las que poseen menos energía, de manera que al cabo de un tiempo todas las moléculas tienen la misma energía.

Así pues, un trozo de hierro, por poner un ejemplo, equilibra su temperatura al cabo del tiempo, gracias a esos intercambios de energía.

Son estos intercambios de energía la base del equilibrio termodinámico, por ejemplo. Cuanto mayor es la temperatura de una molécula, mayor es la probabilidad de que pierda energía, generalmente en forma de fotones, que serán atrapados por moléculas con menos energía.

A nivel cuántico nos encontramos que estos intercambios energéticos dan lugar a fenómenos interesantes. Por ejemplo, hacen que los núcleos en un espacio confinado oscilen acompasados, buscando el equilibrio energético más estable.

Esto es realmente la base de la física cuántica de partículas. Este intercambio de energía hasta lograr el equilibrio junto con las oscilaciones con frecuencias estacionarias y acompasadas es lo que crea los estados cuánticos de las partículas, los pozos energéticos y todos los fenómenos relacionados con la física cuántica.

A través de estos fenómenos cuánticos se pueden explicar todos los aspectos físicos de la materia. Por ejemplo, la dilatación de los cuerpos se explica por el hecho de que cuanta más energía tiene un elemento, más lejos del núcleo se forma el espacio eléctrico donde se colocarán los electrones y, por tanto, mayor es el tamaño de la molécula formada.

A nivel de partícula, los intercambios de energía están cuantificados, ya que en muchos casos no se intercambian fotones sino partículas intermedias, con masa virtual que se convierte en energía al descomponerse en partículas más estables.

El único fenómeno en el que no aparece un intercambio energético claro es el gravitatorio. Pero en este caso es porque los campos gravitatorios no actúan entre partículas sino modificando el espacio-tiempo.

Así pues, cuando dos masas gravitatorias se atraen, no es que intercambien energía entre sí, sino porque se modifica el espacio-tiempo, y éste tiende a equilibrarse. Alrededor de la masa se encoje ese espacio-tiempo, y entre dos masas se forma un corredor que hace que se atraigan.

La gravedad es un fenómeno curioso ya que no supone en sí mismo un intercambio de energía, pero las masas pueden poseer energía potencial posicional debido a la gravedad.

En resumen, los campos eléctricos, la temperatura, la velocidad o la oscilación de las partículas provocan intercambios energéticos. Pero los quantos de energía que componen las partículas pueden crear masa que modifica el espacio-tiempo a su alrededor.

Sin embargo, esos mismos quantos de energía, cuando se unen formando un fotón, no crean masa, tan sólo energía. No se entrelazan para formar una partícula compleja.

Resumen de lo expuesto en este apartado

En este apartado se han definido las variables físicas en las que se manifiestan las partículas. Se han definido hechos conocidos de la física clásica y la física cuántica, a los que se han unido, como especiales, los siguientes:

"Los campos de fuerza que se crean son ondulatorios. Estos campos interaccionan entre sí, creando campos de fuerza estáticos"

"En las cercanías del núcleo atómico, o más bien de la fuente de la fuerza, el campo no es continuo, sino que crean pozos energéticos hasta que se estabilizan en la distancia"

"Hay 4 fuerzas fundamentales, la fuerza electromagnética, la gravitatoria, la nuclear y la particular"

"Es precisamente la oscilación de las partículas la que crea esos campos ondulatorios estáticos, que se asimilan como espacios cuantificados, espacios donde se pueden colocar las partículas"

"El campo eléctrico está directamente relacionado con los quarks y está cuantificado"

Materia y antimateria

La esencia de la partícula

Anteriormente ya adelantamos que las partículas están compuestas de quantos de energía entrelazados, unidos por la denominada "fuerza particular".

La fuerza particular es una fuerza lo suficientemente grande como para impedir que los quantos de energía que componen la partícula se puedan separar. Esos quantos de energía estarían en una situación asimilable a un pozo de paredes de energía infinita. Los quantos de energía están atrapados dentro de la partícula, moviéndose con ella, en un movimiento ondulatorio.

La partícula básica podría ser una esfera achatada, pero esa partícula tiene que oscilar, tal y como se ha visto en el capítulo anterior.

La oscilación de la partícula con dos nodos intermedios, viéndola en dos dimensiones, podría ser como la figura:

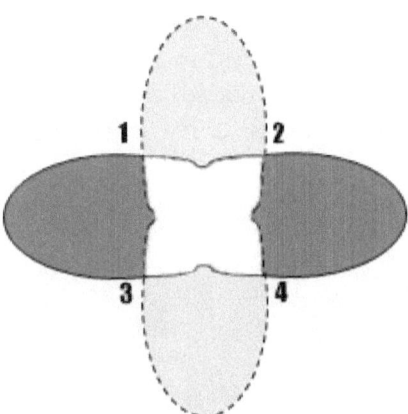

La partícula está oscilando entre dos extremos, limitada por la fuerza particular. Uno de los extremos es el del color oscuro. La otra posición extrema, la de color claro.

Los puntos de intersección entre los extremos se mantienen en todo el movimiento de la partícula, pero como son fijos, como no tienen una transición, son los nodos de la partícula, en la que no se pueden encontrar quantos de energía. Los quantos de energía aparecen en las zonas coloradas, pero la probabilidad de encontrarlos en los nodos numerados es nula.

Esta representación es para un estado simple de la partícula. La oscilación se puede complicar todo lo que se desee, en función de la energía que posea, pero en este caso se puede ver gráficamente y de forma sencilla esa oscilación de la partícula.

Imaginemos que la partícula tiene una superficie determinada, y que la fuerza particular impide que esa superficie varíe. La fuerza particular es la que mantiene los límites energéticos del pozo infinito que impiden que la partícula se desintegre.

En realidad, como veremos más adelante, la superficie puede variar, pero para comprender el funcionamiento oscilatorio de la partícula se puede suponer que sea así.

Por último, hay que señalar que la partícula posee energía en su interior, que puede ceder o tomar de su entorno, aumentando la oscilación de la partícula. La esencia de la partícula, los quantos de energía mínimos que posee, parecen estar relacionados con el bosón de Higgs.

La frontera de Urko

Hemos visto una partícula oscilando, que se comporta tal y como predijeron Heisenberg, Schrödinger y otros matemáticos en siglo pasado. La partícula se desplaza oscilando, y se encuentra limitada en su oscilación por fronteras energéticas provenientes de la que hemos denominado la fuerza particular, la que mantiene a los quantos de energía que la componen unidos.

Imaginemos que la partícula avanza en el espacio, a una velocidad determinada. Si la vemos de frente, nos podremos encontrar con lo que se representa en la siguiente figura:

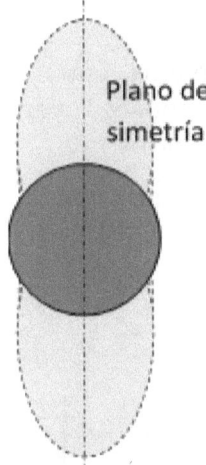

La partícula avanza y se mueve. Los extremos los conforman la parte oscura y la parte clara. Y aparece un plano de simetría.

Imaginemos que la partícula, además de avanzar, gira sobre sí misma. En un instante estará, por ejemplo, en la posición vertical, y se moverá hasta la posición de más oscura, y volverá a la posición más clara, como en la figura:

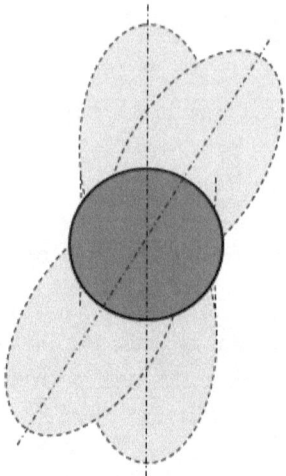

En este caso, el plano de simetría, entre máximo y máximo, se ha desplazado un ángulo determinado. Si la partícula tiene más energía, el ángulo de desplazamiento será mayor.

Si representamos el plano de simetría con un vector, podemos ver una partícula que tiene la suficiente energía para alcanzar sus máximos, por ejemplo, cada 90°:

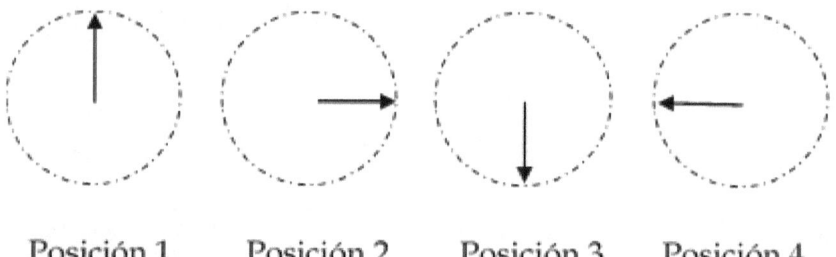

A esa partícula le podemos dar más energía, tanta que pueda girar en cada movimiento por lo menos 180°:

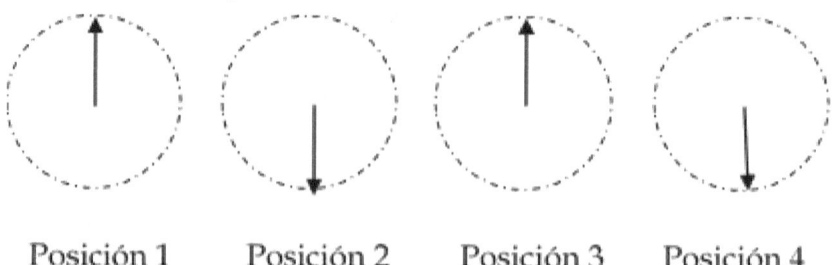

La partícula en este caso tiene dos posiciones, arriba y abajo, pero no parece girar, ya que cuando pasa de una posición a la siguiente lo hace sobre su plano de simetría. Simplemente cambia de orientación.

Pero demos más energía a la partícula, tanta como para que gire, por ejemplo, 270°:

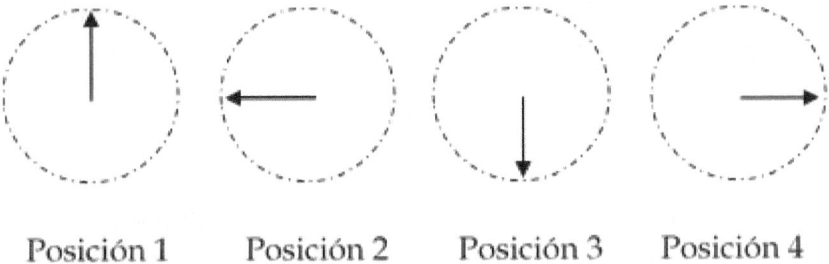

Posición 1   Posición 2   Posición 3   Posición 4

Ahora nos encontramos con una cosa curiosa. La partícula parece que gira hacia atrás. Si la comparamos con la partícula que giraba 90° su movimiento es exactamente el contrario.

Hemos encontrado una antipartícula, una partícula que gira al revés que una partícula normal. Al punto en el que la partícula pasa de ser una partícula a una antipartícula le hemos denominado la Frontera de Urko, y como veremos, tiene unos efectos muy especiales, que analizaremos más adelante.

Aplicando energía a la partícula

La partícula debe tener una oscilación mínima, no puede estar parada. Es lo que se denomina estado fundamental. Es una oscilación de la partícula que tiene 2 nodos, los de los extremos, sin que haya nodos intermedios. Pero a partir de ahí, según se aporta energía, la partícula empieza a oscilar, y a moverse.

La energía de la partícula se define con la fórmula de Einstein:

$$E^2 = m^2 c^4 + \rho^2 c^2$$

La partícula, según adquiere energía, también adquiere velocidad, según la fórmula:

$$v = c \sqrt{1 - \frac{E_0^2}{E^2}}$$

Cuanta más energía tiene la partícula, a más velocidad se desplaza. Pero esta velocidad es la suma entre el desplazamiento y el giro. Esto implica también que la oscilación de la partícula también se debe producir en dos movimientos distintos. Cuando se desplaza, las oscilaciones son en un sentido, cuando gira, en otro.

Por tanto, la energía de la partícula se divide en dos, en desplazamiento y en giro. Una partícula puede por tanto tener mucha energía y dedicarla a girar sobre sí misma, aunque se desplace despacio.

Pero cuando la partícula, girando, alcanza la Frontera de Urko, ocurre algo curioso. Todos los quantos de energía que componen la partícula, cada vez que se desplazan, lo tienen que hacer hasta su punto contrario. Aparece un eje de simetría, y en cada instante los quantos de energía se desplazan por completo a su punto espejo.

Cada quanto de energía sólo ocupa dos posibles posiciones dentro de la partícula, por lo que esos dos puntos son donde los vamos a encontrar, y con ellos, a la partícula, con la mayor probabilidad. Y los espacios entre quantos de energía, en este caso, son precisamente los nodos, donde la probabilidad de encontrar la partícula es nula.

La partícula en la frontera de Urko es altamente inestable, debido a la existencia de tantos nodos y que la deformación de la onda sólo tiene dos posiciones, migrando los quantos de energía de un punto al opuesto constantemente.

Esto provoca un equilibrio muy inestable en la partícula. Puede perder un fotón y volver al estado de partícula o puede descomponerse en determinadas condiciones en un fotón muy energético.

O puede adquirir más energía y convertirse en una antipartícula, que será más estable que el estado de frontera de Urko.

Debido a esta inestabilidad, realmente la partícula en la frontera de Urko no existe, pero ese equilibrio tan sumamente inestable es una puerta a nuevas posibilidades.

La formación del par partícula-antipartícula

A partir de quantos de energía se puede formar un par partícula-antipartícula, que se separan y viajan diferenciados en el espacio y en el tiempo.

Imaginemos que se crean dos partículas en el mismo espacio cuántico. Y que se crean precisamente en la Frontera de Urko.

Ambas partículas se encontrarían en un equilibrio inestable acompasadas ocupando los mismos puntos. Como hemos visto, los quantos de energía en la frontera de Urko ocupan 2 puntos espejo, uno en cada extremo de un eje de simetría.

Las dos partículas estarían ocupando todos los espacios posibles, moviéndose alternativamente de un extremo al otro. Las dos tienen la misma energía, que las hace mantenerse en la frontera de Urko. Pero este equilibro, como hemos comentado, es muy inestable.

En un momento dado, una de las dos partículas cede parte de su energía a la otra con la que se mueve acompasada, y ocurre un hecho singular. La partícula que cede energía empieza a girar más lento, mientras que la otra se acelera. Como las dos parten de la frontera de Urko, una de ellas se convertirá en una partícula y la otra en una antipartícula.

A partir de quantos de energía presentes en un punto, se crea un par partícula-antipartícula pasando previamente por la frontera de Urko, en estado de equilibro inestable donde realmente la partícula no existe ya que todos sus puntos están ocupados por los mismos quantos de energía.

La aniquilación de la materia

En el capítulo anterior hemos planteado la hipótesis de que el par partícula-antipartícula se forma en precisamente en la frontera de Urko. Ahora vamos a estudiar qué es lo que pasa cuando una partícula se encuentra con su antipartícula.

Una gira en un sentido, mientras que la otra, en el contrario. Para que ambas partículas puedan convivir en el mismo espacio cuántico deben encontrarse en fase, para que no interfieran entre ellas. Eso sólo lo consiguen cuando están las dos en la frontera de Urko.

Cuando una partícula se encuentra con su antipartícula, ambas se ponen en fase, moviéndose al unísono en la frontera de Urko. El exceso de energía que pudiera haber se disipa como un fotón y ambas partículas se entrelazan en una única e inestable partícula.

Esa nueva partícula, fruto del entrelazamiento de las dos partículas iniciales se destruye y los quantos de energía procedentes de cada una de ellas se disipan como 2 fotones muy energéticos, poseyendo cada uno de ellos la energía correspondiente a la masa de la partícula según la fórmula de Einstein.

$$E = mc^2$$

La frontera de Urko explica perfectamente la aniquilación de la materia, y el dualismo materia-energía, ya que demostraría que tanto las partículas como los fotones están compuestos de quantos de energía.

Resumen de lo expuesto en este apartado

Analizando la esencia de la partícula, la materia y la antimateria, llegamos a las siguientes conclusiones:

"Las partículas oscilan, con nodos por donde pasan todos los quantos de energía en la oscilación, con la peculiaridad de que en esos nodos la probabilidad de encontrarlos es nula"

"La oscilación marca máximos y mínimos. La oscilación es la esencia de la mecánica cuántica"

"Las partículas, si oscilan en el movimiento giratorio lo suficientemente rápido pueden adquirir un ángulo entre máximos superior a 180° y comportarse como una antipartícula"

"El punto en el que la partícula gira 180° lo denominamos la Frontera de Urko"

"Una partícula que se encuentra en la Frontera de Urko es altamente inestable, y pierde rápidamente energía convirtiéndose en una partícula, o la gana, pasando a ser una antipartícula"

"Si se crea un par partícula-antipartícula, lo hará formando una partícula doble en la Frontera de Urko. Debido a la inestabilidad, una de ellas cede energía a la otra, separándose una como partícula y la otra como antipartícula"

"Esa reacción es reversible, y cuando se juntan una partícula y una antipartícula, se aniquilan formando 2 fotones tras pasar por la Frontera de Urko"

Un universo de partículas

Las partículas fundamentales

Hemos visto que hay una partícula elemental, que es el quanto de energía, que es la esencia que da lugar a todas las partículas. En las partículas el quanto de energía se mantiene unido a otros quantos de energía mediante la fuerza particular.

También hemos visto que según sea el entrelazamiento estable de los quantos de energía, se formarán diferentes partículas.

En este apartado vamos a estudiar las partículas fundamentales, que son las que derivan directamente de los quantos de energía.

Pueden formarse otras partículas, con otros entrelazamientos diferentes. Esos entrelazamientos se mantienen estables en diferentes condiciones, relacionadas con la densidad del espacio tiempo, como veremos más adelante.

En nuestras condiciones de densidad de espacio tiempo, en condiciones de gravedad no extremas, las partículas fundamentales se dividen en dos grupos. Las partículas esenciales y las partículas parásitas.

Las partículas esenciales son aquellas que subsisten por sí mismas, mientras que las parásitas son las que necesitan a otras, de las que obtienen quantos de energía, para poder existir.

Las partículas esenciales son 5: el fotón, el neutrino, el quark U, el quark D y el gluon.

Por el contrario, las partículas parásitas son tres: el bosón eléctrico, el bosón de Higgs y el bosón W.

Aunque muchos echarán de menos a otra partícula, al electrón, ésta entra dentro del grupo de las partículas compuestas, como veremos más adelante.

En los siguientes capítulos vamos a analizar cada una de ellas.

El fotón

Se trata de la partícula más simple que existe. El entrelazamiento de los quantos de energía es el más simple y el que menos energía requiere para mantenerse estable.

Un quanto de energía solitario formaría el fotón más simple posible. El fotón no se puede descomponer en partículas más simples. Fotones muy energéticos pueden modificar su entrelazamiento y crear partículas más complejas. Partículas complejas pueden descomponerse en fotones.

El fotón se desplaza a la velocidad de la luz, de forma oscilante. Cuando se analice, más adelante, se verá cómo es su movimiento y cómo su velocidad y trayectoria se modifica con la gravedad, aparte de otros fenómenos que afectan a esta partícula.

Es el vehículo de la energía entre las partículas. Los intercambios energéticos se realizan en muchas ocasiones a través de los fotones.

Cuando un fotón interactúa con una partícula, puede cederle quantos de energía, aumentando la energía de esa partícula. Las partículas también pueden perder energía emitiendo fotones.

Si analizamos la siguiente gráfica:

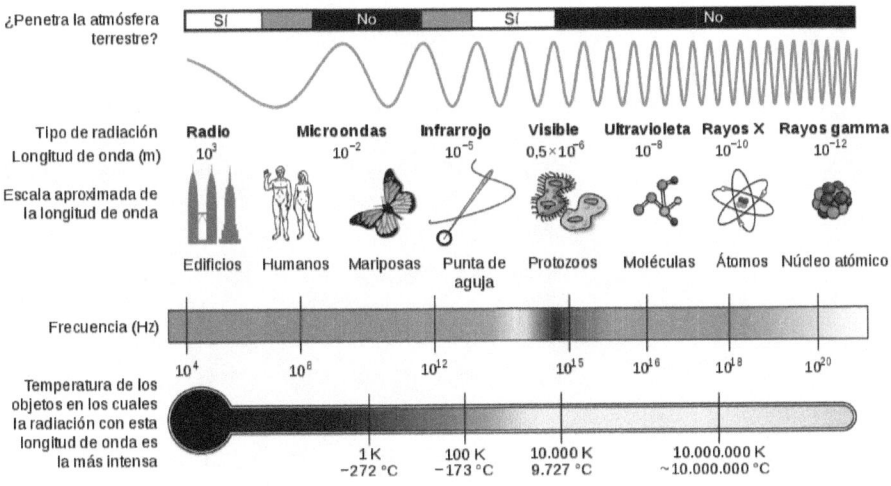

Vemos que dependiendo del número de quantos de energía que posea el fotón, interacciona con el entorno de una u otra manera.

En la gráfica se incluyen las radiaciones con las que podemos interaccionar. Fotones con menos energía que las ondas de radio son, de momento y con la tecnología actual, muy difíciles de detectar.

Por encima de los rayos gamma no se han encontrado fotones, por lo que parece que pudiera haber un límite superior de quantos de energía que poseen los fotones o que podría presuponerse que los fotones se han generado de las interacciones de la materia.

Entre ambos extremos están las microondas, los infrarrojos, el espectro visible, los ultravioletas y los rayos X.

El neutrino

Se trata de una partícula muy especial, ya que se genera como un subproducto de las reacciones nucleares. Cuando una partícula se desintegra en muchas ocasiona da lugar a un neutrino como subproducto.

Otra forma de generar neutrinos es cuando rayos gamma procedente de radiación cósmica, interacciona con partículas de las capas más altas de la atmósfera, descomponiéndolas.

La mayor parte de los neutrinos que se conocen se forman de esta manera, como subproducto de reacciones nucleares, de desintegraciones de partículas más complejas o inestables.

Así pues, las estrellas son fuentes importantes de neutrinos. En nuestro entorno los neutrinos se fabrican en las centrales nucleares.

Los neutrinos son partículas muy pequeñas, sin masa y que viajan a velocidades cercanas a la de la luz. No interaccionan apenas con la materia por su pequeño tamaño, y la atraviesan limpiamente.

Al no interaccionar casi con la materia son muy difíciles de detectar, pero si hay un flujo importante de neutrinos (obtenidos por ejemplo de una reacción nuclear) y una masa densa de material, la probabilidad de que algún neutrino colisione con un protón es muy baja, pero existe. En este hecho se basa el detector de neutrinos Ice Cube.

Al chocar con el protón provocará una desintegración Beta positiva y se generará un pion positivo y un neutrón. Al decaer el pion positivo se generará un positrón que rápidamente coincidirá con un electrón.

Al encontrarse la partícula y su antipartícula, se aniquilarán y se crearán dos fotones gamma que podrán ser detectados.

Para evitar datos erróneos, se usa como material hielo puro, que no presenta desintegraciones beta, dopado con cadmio, que atrapa los neutrones generados para evitar que generen falsos positivos.

Los neutrinos, al contrario que los fotones, tienen un bosón de Higgs asociado, por lo que tienen masa, algo que se estudiará más adelante, cuando se estudie este bosón.

El bosón de Higgs que posee el neutrino puede variar entre tres estados metaestables, con tres masas diferentes, denominadas neutrino electrónico, muónico o tau.

El neutrino posee también su antipartícula, el antineutrino.

Se da la circunstancia de que el neutrino puede mutar entre neutrino electrónico, muon o tau. Así pues, cuando se detectan los neutrinos procedentes del sol, se ve que un tercio de los detectados se corresponden con el electrónico, otro tercio con el muónico y otro tercio con el tau.

El neutrino también muta normalmente a antineutrino, algo que ayuda a corroborar la teoría de la frontera de Urko.

Por último, la radiación de Hawking que se genera en el horizonte de sucesos de un agujero negro estará probablemente compuesta de neutrinos.

En la figura un sensor esférico del Ice Cube

Los quarks

Hay dos partículas que responden al nombre de quarks, que son el quark Up y el quark Down, U y D. Se considera que el quark U aporta carga eléctrica positiva mientras que el D, negativa, con la peculiaridad de que por sí mismos, no presentan carga eléctrica, ya que no tienen la capacidad de generar un quanto eléctrico.

Más adelante se estudiará, al presentar el quanto eléctrico, cómo se asocia a los quarks y cómo es capaz de generar carga eléctrica a partir ellos.

Los quarks son partículas fundamentales, pero no pueden subsistir por sí solos. Sólo son estables si se encuentran asociadas a un gluon o si poseen un bosón W.

Asociados al gluon crean bariones y nucleones, mientras que junto con un bosón W crean piones que pueden degenerar en positrones y electrones.

Tanto el quark U como el D tienen su correspondiente antipartícula. En el gluon se generan espontáneamente pares de quark con su correspondiente antiquark, mediante el mecanismo que se analizará posteriormente.

Aunque se trata de dos partículas diferentes, se tratan como una ya que muchas de sus características son similares.

Los quarks tienen un entrelazamiento muy especial, que podríamos asimilar a una especie de capa que se adapta en tamaño alrededor de otras partículas. Así pues, cuando forman un barión se disponen en diferentes capas alrededor del gluon mientras que cuando forman parte de un electrón o un positrón, se colocan como una nube electrónica alrededor del núcleo.

El quark es una partícula que, aunque inestable, forma parte de complicadas interacciones que dan lugar a partículas más complejas y estables.

El gluon

Considerada una partícula con una sola función, la de unir a los quarks en los bariones, resulta que es mucho más compleja de lo que parece.

El gluon es un entrecruzamiento muy energético de quantos de energía que crea a su alrededor un campo de fuerza denominado fuerza nuclear débil.

Como se vio al analizar las leyes de Maxwell, el campo que se crea a su alrededor alcanza máximos y mínimos, siendo relevantes los 4 primeros.

En los tres más cercanos al gluon se colocan los quarks, de forma alterna entre U y D, y el último sirve para unir diferentes bariones entre sí, formando nucleones y el núcleo atómico.

La cuarta capa se relaciona con la fuerza nuclear fuerte, la que mantiene unidos a los nucleones dentro del núcleo atómico. En realidad, tanto la nuclear débil como la fuerte proceden del mismo campo estacionario de fuerzas que produce el gluon.

El gluon tiene otra característica muy importante. Es capaz de generar pares de quarks y su correspondiente antiquark. Se genera una partícula única, inestable, en la frontera de Urko, que rápidamente degenera en un par partícula-antipartícula.

Este mecanismo es muy importante, ya que determina el mecanismo de estabilidad del núcleo atómico, y la generación de la mayor parte de las partículas que dan lugar a la materia conocida, como los protones, neutrones y electrones, entre otros.

El gluon no tiene antipartícula conocida, por lo que se presupone que se trata de una partícula simétrica que al girar sobre sí misma no distingue sentido de giro.

El gluon también ayuda a explicar la asimetría entre materia y antimateria, ya que corrobora el funcionamiento del mecanismo de la frontera de Urko.

En la representación se puede ver cómo el gluon ocupa el centro del nucleón, creándose diferentes capas de energéticas de la fuerza nuclear débil, en las que se colocarían los quarks, de forma alternativa. Éstos se colocarían en las tres capas interiores, mientras que en la exterior se desplazarían los piones, y se relacionaría con otros nucleones cercanos a modo de la fuerza nuclear fuerte.

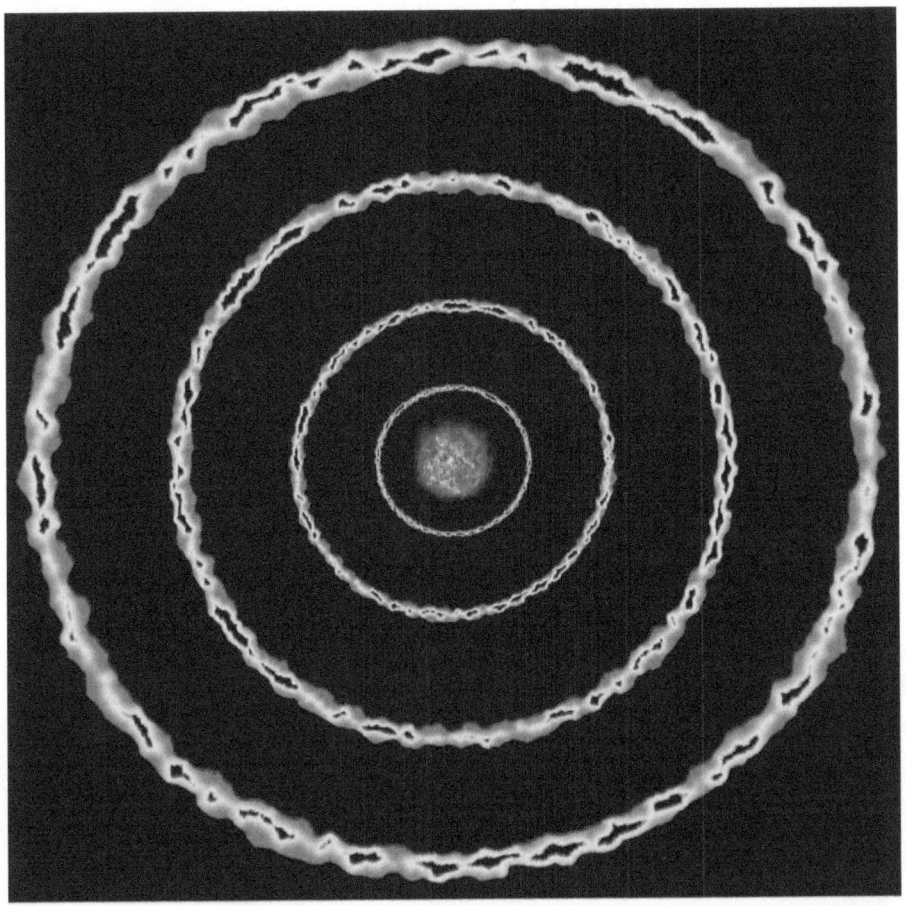

La oscilación del gluon es la responsable de crear las ondas estacionarias de fuerza a su alrededor.

El bosón eléctrico

Se trata de una de las partículas parásito. Son partículas que no existen por sí mismas, sino que utiliza quantos de energía de otras partículas para poder existir.

En el caso del bosón eléctrico utiliza quantos de energía procedentes de los quarks. Crea un campo de fuerzas a su alrededor, de la misma manera que el gluon, pero en este caso de fuerza eléctrica.

Mientras que en el gluon la fuerza es positiva, en el caso del bosón eléctrico puede ser positiva, negativa o nula. Además, crea también un campo electromagnético.

El campo electromagnético que crea el bosón eléctrico tiene dos sentidos, positivo y negativo, popularmente conocidos como norte y sur, y ambos van ligados y son indivisibles.

El funcionamiento del bosón eléctrico depende del sentido de giro de los quarks a los que se asocia. Se asocia o bien a tres quarks, siendo uno de ellos diferente a los otros dos, o bien a un quark y un antiquark.

Tradicionalmente se le asigna al quark U una carga de 2/3 positiva y al quark D una carga de 1/3 negativa.

Los antiquarks U y D tienen la misma carga que sus correspondientes quarks, pero con signo contrario.

De esta manera, si una partícula tiene dos quarks tipo U y uno tipo D, el bosón eléctrico correspondiente tendrá una carga correspondiente a un quanto eléctrico positivo, fruto de la suma de las cargas individuales de los tres quarks.

Se trataría, como se verá más adelante, de un protón.

Si la partícula tiene dos quarks tipo D y uno tipo U, la carga que manifiesta el bosón eléctrico es nula.

Es este caso estaríamos hablando de un neutrón.

Si se une un quark tipo D con su antiquark, o uno tipo U con su antiquark, la carga eléctrica es nula. Esto se produce en los piones neutros, que degeneran en fotones rápidamente por su inestabilidad.

Por otro lado, un quark tipo U puede conjugarse con un antiquark tipo D, y dará lugar a un bosón eléctrico con carga positiva. Se trata en este caso de un pion positivo, que decaerá en un positrón.

Por último, un quark tipo D se puede juntar con un antiquark tipo U y el bosón eléctrico asociado será de carga negativa. Es el único caso en el que se puede formar una carga negativa. Es un pion negativo que decaerá en un electrón.

En todos los casos el bosón eléctrico, al girar sobre sí mismo, independientemente de la carga que tenga, positiva, negativa o nula, dará lugar a un campo magnético, con sus dos polos, norte y sur.

Combinación de quarks	Signo del bosón eléctrico	Nombre común
U-D-U	+	Protón
D-U-D	Nulo	Neutrón
U-|U|	Nulo	Pion neutro
D-|D|	Nulo	Pion Neutro
U-|D|	+	Pion positivo-positrón
D-|U|	-	Pion negativo-electrón

El bosón de Higgs

Este bosón se ha hecho muy famoso últimamente por haberse encontrado trazas de los efectos de su presencia al eliminarse en el colisionador de hadrones.

Se trata de una partícula parásita, como el bosón eléctrico, ya que utiliza quantos de energía para crearse. En el caso del bosón eléctrico sólo captaba quantos de energía de los quarks, y a partir de ellos generaba la carga eléctrica.

Además, el bosón eléctrico creaba una fuerza eléctrica fija que podía cambiar incluso de sentido, presentando dos cargas eléctricas, la positiva y la negativa. Si se contabiliza la nula, se tendrían tres posibilidades de carga eléctrica.

En el caso del bosón de Higgs, la fuerza que crea deforma el espacio-tiempo a su alrededor. Puede parasitar cualquier partícula, e incluso puede presentar diferentes formas metaestables en la misma partícula.

Así pues, generalmente en la mayoría de las partículas que parasita presenta 3 estados, con tres estados de fuerza diferentes, siendo la posición en la que presenta menos fuerza la más estable.

A la fuerza que genera el bosón de Higgs, que deforma el espacio-tiempo a su alrededor, se le denomina fuerza gravitatoria. Es una fuerza muy especial, ya que en realidad no se produce una atracción entre partículas, sino que se crean pozos en el espacio tiempo que son los que realmente atraen a las partículas.

Hay partículas como el fotón a las que no parasita el bosón de Higgs, y no presenta masa y, por tanto, no deforma el campo gravitatorio a su alrededor. Pero, por el contrario, sí se ve afectado por la deformación del campo gravitatorio que generan otras masas, variando su velocidad y trayectoria.

El número de quantos de energía que parasita un bosón de Higgs en cada partícula es estable e invariable. En partículas complejas como el protón o el neutrón, el bosón de Higgs parasita quantos de energía del gluon, de los quarks que lo componen e incluso de los quantos de energía que generan la fuerza nuclear.

El número de quantos de energía que parasita un bosón de Higgs se determina a partir de la fórmula de la energía de Einstein, en su parte estática:

$$E = mc^2$$

La manifestación del bosón de Higgs como masa está directamente relacionada con la energía que poseen los quantos de energía que parasita de cada partícula.

Por último, el bosón de Higgs determina también la velocidad a la que se puede mover una partícula. Si una partícula tiene un bosón de Higgs que la parasita, se necesita cada vez más energía para poderla acelerar, por lo que nunca podrá alcanzar la velocidad de la luz en el vacío y en ausencia de gravedad.

El neutrino, que es una partícula con muy poca masa, aunque no alcanza la velocidad de la luz en el vacío y en ausencia de gravedad, se desplaza a velocidades muy cercanas a ella.

La velocidad a la que se desplaza una partícula con masa se determina por la fórmula:

$$v = c \sqrt{1 - \frac{E_0^2}{E^2}}$$

Si representamos la deformación del espacio-tiempo que produce un astro con gran masa, veríamos que cuanto más cerca de su superficie nos encontramos, mayor es esa deformación.

Las líneas gravitatorias están más cerca entre ellas y, por tanto, el espacio-tiempo es más "denso", como en la siguiente figura:

Líneas de deformación del espacio-tiempo, se ve cómo se hace más "denso" al acercarse a la masa.

El bosón W

La última partícula fundamental es el bosón W. Este bosón es el encargado de mantener unidos a un quark con un antiquark. Este bosón se genera en la capa más externa del gluon, en el momento en el que el antiquark alcanza esa capa y se encuentra o bien con el quark que se ha generado en el núcleo del gluon junto con él, o bien con el que ocupaba la capa inmediatamente inferior, desplazado desde el interior.

Si el quark y el antiquark son idénticos, su vida será muy corta, devolviendo la carga de quantos de energía otra vez al núcleo o bien, si se escapa del núcleo, decayendo en dos fotones, fenómeno conocido como desintegración gamma.

Si, por el contrario, el quark y el antiquark son diferentes, el bosón W los mantendrá unidos de forma estable. Formarán un pion, ya sea positivo o negativo, que circulará por la capa más exterior del gluon, pasándose a otros gluones que componen el núcleo atómico, tal y como se verá más adelante, hasta que coincidan con un pion de signo contrario y se aniquilen, devolviendo los quantos de energía al gluon más cercano.

Ese pion tendrá asociado un bosón de Higgs que sólo se mantendrá estable dentro de la capa exterior del núcleo. Ese bosón de Higgs del pion también se relaciona, mediante un complejo mecanismo nuclear, con los bosones de Higgs del resto de los nucleones del núcleo atómico, de manera que la masa total no varía.

Si hay un exceso de piones del mismo signo, puede que un pion escape del núcleo atómico. Se trata del mecanismo conocido como desintegración beta, que puede ser positiva o negativa.

El núcleo, al perder un pion, muta a otro elemento de la tabla periódica. El pion, por el contrario, al salir del núcleo atómico, se lleva un bosón de Higgs muy inestable que rápidamente desintegra la partícula, que pierde energía en forma de neutrino, consolidándose la unión entre los dos quarks a través del bosón W, junto con un bosón de Higgs más ligero. En este caso el pion se convierte en una partícula mucho más estable, ya sea un electrón o un positrón, dependiendo de la carga eléctrica. Estos mecanismos de generación de partículas los analizaremos más adelante, en el apartado dedicado a la materia.

Resumen de lo expuesto en este apartado

Hemos definido las partículas fundamentales creadas a partir de la partícula elemental, el quanto de energía.

"Las partículas fundamentales son cinco partículas genéricas y tres parásitas"

"Las partículas genéricas son el fotón, el neutrino, los dos quarks U y D y el gluon"

"Las partículas parásitas se nutren de quantos de energía procedentes de las partículas genéricas, y son el bosón eléctrico, el bosón de Higgs y el bosón W"

Las partículas compuestas

El barión

Se trata de una partícula muy compleja, pero a pesar de esa complejidad, muy estable. Está compuesta de varias partículas fundamentales. Se compone de un gluon alrededor del cual se sitúan tres quarks alternando entre ellos, un bosón de Higgs y un bosón eléctrico.

El barión pertenece a la familia de los hadrones, que son partículas formadas por quarks.

En el barión el gluon crea la fuerza nuclear débil, generando 4 capas de fuerza en las que se sitúan los quarks. Dependiendo del trío de quarks que tenga, se trata de un protón o de un neutrón.

Así pues, si la terna de quarks es U-D-U hablaríamos de un protón y si, por el contrario, la terna es D-U-D obtendríamos un neutrón.

En ambos casos existe un bosón de Higgs que capta quantos de energía de los diferentes componentes del barión, y de la energía que poseen en su movimiento acompasado, y le proporciona la masa.

Adicionalmente existe un bosón eléctrico asociado a los quarks que le proporciona la carga eléctrica, positiva en el caso del protón, neutra en el caso del neutrón.

Aunque se analizará más adelante, el protón es una partícula muy estable, mientras que el neutrón, fuera del núcleo atómico, tiene un periodo de desintegración de alrededor de un cuarto de hora, generándose un protón y un electrón, junto con energía en forma de un fotón y un neutrino.

Fuera del núcleo el protón también puede desintegrarse, en este caso en un neutrón y un positrón, pero el periodo de desintegración es muy elevado, superior incluso a la vida del universo.

El protón se asocia rápidamente con un electrón, formando un átomo de hidrógeno. La estabilidad del protón explica en gran parte la asimetría existente entre materia y antimateria. Por otra parte, la desintegración del neutrón explica también que la carga eléctrica del universo sea neutra, o sea, que el número de electrones y de protones en el universo sea muy similar.

El mesón

Los mesones son unas partículas inestables que se generan en el núcleo atómico. Están formados por un quark y un antiquark, unidos mediante un bosón W y conteniendo un bosón de Higgs que les da una masa muy elevada además de un bosón eléctrico que le da la carga.

Los mesones son partículas de una vida muy corta, que se desintegran rápidamente convirtiéndose en partículas más estables, electrones o positrones.

Los mesones se colocan en la última capa del gluon y cuando se encuentran con otro mesón de signo contrario se aniquilan, devolviendo los quantos de energía al gluon del que se generaron.

Los mesones se generan espontáneamente en los gluones como un par quark-antiquark y mediante un mecanismo que se estudiará cuando se presenten los nucleones, pierden el quark original adquiriendo un quark antagónico y formando el mesón con carga eléctrica.

Los mesones tienen asociado un bosón de Higgs que suma un elevado número de quantos de energía, dotándolos por tanto de una gran masa.

Hay dos tipos principales de mesones. Los piones y los kaones. Se diferencian entre ellos por la masa que presentan, o lo que es lo mismo, por el número de quantos de energía que parasita el bosón de Higgs al mesón.

Un mesón formado por un quark U y un antiquark D es un pion positivo. En este caso el bosón eléctrico asociado toma 2/3 de carga positiva del quark U y el tercio restante del antiquark D.

Por el contrario, un mesón formado por un quark D y un antiquark U es un pion negativo. El bosón eléctrico adquiere 1/3 de la carga negativa del quark D y los dos tercios rentables del antiquark U.

Al poseer un bosón eléctrico, los mesones también presentan campo magnético.

El nucleón

Los bariones dentro del núcleo atómico se comportan de forma de forma diferente a como lo hacen por separado. Así pues, el neutrón, cuando está aislado, rápidamente degenera en un protón perdiendo un pion negativo que se convierte en un electrón.

Sin embargo, el protón es muy estable de forma aislada, formando el átomo de hidrógeno.

En la naturaleza no se encuentran neutrones libres. Sólo se generan en desintegraciones nucleares, y rápidamente son absorbidos por átomos cercanos. Para conseguir una fuente elevada de neutrones es necesaria una reacción nuclear potente, ya sea una estrella, ya sea un reactor nuclear, ya sea una bomba atómica o termonuclear.

El neutrón es una radiación muy peligrosa por lo ionizante que resulta. Al degenerar rápidamente en un protón, cuando se bombardea un ser vivo con ellos, son rápidamente absorbidos y al generarse los protones destruyen las células donde se alojan.

En cambio, dentro del núcleo atómico, el neutrón se mantiene estable. Aunque se trata de una afirmación inexacta, ya que en el núcleo atómico no existen realmente los protones y los neutrones, sino que los bariones se comportan como nucleones.

Los bariones dentro del núcleo atómico se mantienen unidos por la fuerza nuclear, a través de la cuarta capa que general el gluon. Los bariones dentro del núcleo se equilibran energéticamente y se autoexcitan entre ellos, formándose constantemente pares de quark-antiquark en los gluones.

Estos pares de quark-antiquark hacen mutar al nucleón mediante el mecanismo que se ha señalado anteriormente. Constantemente los nucleones varían de carga eléctrica positiva o neutra, comportándose como protones o neutrones, mientras que en la capa exterior circulan los piones que, en el momento en el que coinciden los positivos con los negativos, se aniquilan.

En el núcleo atómico, dinámico como se ha visto, formado por nucleones que varían constantemente entre protones y neutrones, y con piones con carga eléctrica circulando por la capa exterior de los gluones, siempre se cumple una premisa. La carga eléctrica no varía.

O lo que es lo mismo, la suma instantánea de la carga de los protones, piones positivos y piones negativos se mantiene siempre constante.

Por ejemplo, en un átomo sencillo, como el de helio, formado por cuatro nucleones, se pueden dar las siguientes posibilidades:

Protones	Neutrones	Piones +	Piones -	Carga total
4	0	0	2	2+
3	1	0	1	2+
2	2	0	0	2+
1	3	1	0	2+
0	4	2	0	2+

Puntualmente puede haber, circulando por la capa exterior del gluon piones positivos y negativos, pero no se han considerado en el cuadro ya que acaban anulando.

En el caso de núcleos atómicos más complejos las posibilidades son mucho mayores, e incluso hay núcleos inestables que se desintegran, perdiendo algún pion y variando la carga eléctrica, en la considerada desintegración beta.

En el caso del núcleo atómico, ese dinamismo de creación de pares quark-antiquark que a su vez generan los piones es lo que hace que se mantenga estable, y que se generen los diferentes elementos.

Además, ese dinamismo hace que el núcleo esté equilibrado energéticamente, y explica el funcionamiento de la fuerza nuclear fuerte.

El electrón y el positrón

Tradicionalmente se consideran partículas elementales, pero en realidad proceden de la desintegración de los piones. La diferencia entre un pion negativo y un electrón es únicamente la masa, o sea, el estado metaestable del bosón de Higgs asociado.

Del pion negativo al electrón, o del pion positivo al positrón no se produce una mutación de partícula, sino simplemente una estabilización del pion gracias a un estado metaestable energéticamente más estable, que utiliza menos quantos de energía.

El electrón, por tanto, se compone de un quark D, un antiquark U, un bosón W que le proporciona estabilidad, un bosón eléctrico que le da la carga eléctrica y un bosón de Higgs que crea su masa.

El positrón se compone por los mismos bosones además de un quark U y un antiquark D.

La aniquilación entre ambas partículas, cuando coinciden en el mismo espacio cuántico, se produce no que electrón y positrón sean la antipartícula una de la otra, sino porque los quarks coinciden con sus antiquarks aniquilándose y desapareciendo ambas partículas.

El electrón, en determinadas condiciones de gran deformación del espacio-tiempo, puede caer dentro del núcleo atómico, transmutándose en un pion negativo otra vez, cayendo en la capa externa del gluon, aniquilándose con los piones positivos que haya en esa capa, y transmutando el núcleo atómico en neutrones.

El electrón, al igual que los quarks que lo componen, tienen forma de una especie de manta que se coloca como una nube electrónica alrededor del núcleo atómico, extendiéndose por el espacio de carga eléctrica creada por el núcleo, y no como una partícula al uso, tal y como se verá cuando se estudie el átomo.

Resumen de lo expuesto en este apartado

A partir de las partículas fundamentales se crean las partículas complejas. Las más conocidas son las que se muestran a continuación.

"Los bariones se componen de un gluon, tres quarks siendo uno distinto, un bosón de Higgs y un bosón eléctrico"

"El bosón eléctrico toma su carga de los quarks"

"Los dos bariones más conocidos son el protón, muy estable en solitario, y el neutrón, que se desintegra en apenas un cuarto de hora en un protón y un electrón, así como neutrinos y fotones"

"Los bariones dentro del núcleo atómico se comportan de diferente manera. El protón se inestabiliza y el neutrón, por el contrario, se estabiliza"

"El gluon crea 4 capas de fuerza nuclear a su alrededor. En las tres más internas se colocan los quarks mientras que por la exterior circulan los mesones y se unen a otros nucleones"

"El núcleo atómico está formado por nucleones y mesones que mutan de forma dinámica"

"La carga eléctrica de un núcleo atómico se debe a la suma de las cargas eléctricas de los nucleones y de los piones que lo componen. Es un número fijo"

"Los mesones están formados por un quark y un antiquark unidos por un bosón W, junto con un bosón de Higgs y un bosón eléctrico"

"Los electrones y los positrones son mesones que han degenerado al perder masa y el bosón de Higgs encuentra un estado metaestable mucho más estable"

"La aniquilación del electrón con el positrón no se da por ser uno la antipartícula de la otra, sino por aniquilarse los quarks con sus antiquarks al coincidir ambas partículas en el mismo espacio cuántico"

La energía

El movimiento del fotón como hélice

El fotón es energía pura. Es importante diferenciarlo del quanto de energía. El fotón está compuesto únicamente de quantos de energía.

Pero esa no es la única característica que tiene el fotón. Al no tener masa, puede desplazarse a la velocidad de la luz. Y toda su energía proviene de su momento lineal.

Aplicando la fórmula de la energía de Einstein:

$$E^2 = m^2 c^4 + \rho^2 c^2$$

Como el fotón no tiene masa:

$$E^2 = \rho^2 c^2$$

O lo que es lo mismo:

$$E = \rho c$$

O sea, que la energía del fotón procede de su momento lineal, de ρ. Y de la misma fórmula, el fotón se desplaza a la velocidad de la luz. Si su velocidad fuera menor, el momento lineal de fotón debería aumentar para mantener su energía.

Otra forma de verlo es a través de la fórmula relativista de la velocidad.

$$v = c \sqrt{1 - \frac{E_0^2}{E^2}}$$

En este caso

$$E_0 = mc^2 = 0$$

Por lo que:

$$v = c$$

Por otro lado, el momento lineal del fotón está relacionado con la longitud de onda de la onda electromagnética del fotón, a través de la fórmula:

$$\rho = \frac{h}{\lambda}$$

De ahí se obtiene la fórmula de Planck:

$$E = \frac{hc}{\lambda} = hf$$

De momento no necesitamos una base matemática mayor para empezar con nuestro razonamiento.

Vamos a partir de un fotón que se desplaza girando sobre sí mismo con una frecuencia f, en un movimiento helicoidal, a una velocidad "c" y con una longitud de onda, el paso de la hélice, de "λ".

Podemos representar ese movimiento como en la imagen.

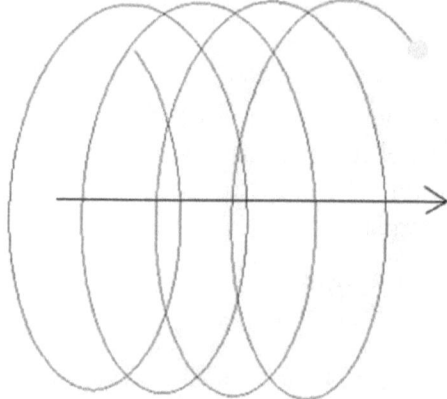

Si desarrollamos la hélice, obtendríamos el siguiente triángulo:

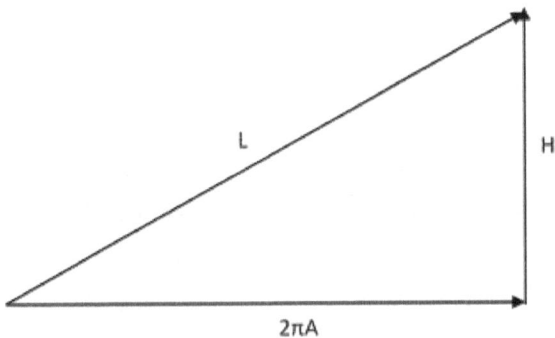

En el que L es el desarrollo de la hélice, H el paso de la hélice y $2\pi A$ es la proyección de la hélice en su recorrido.

Si multiplicamos los tres lados del triángulo por un mismo número, la relación entre sus lados no variará. Vamos a multiplicarlos por f, la frecuencia a la que gira el fotón.

En este caso obtendríamos que Lf tiene que ser igual a c, a la velocidad de la luz en el vacío en ausencia de gravedad, ya que el fotón se mueve a la velocidad de la luz porque no tiene masa.

Por tanto, Hf será la velocidad lineal de fotón, la velocidad a la que avanza desplazándose como una hélice.

El triángulo quedará de la siguiente forma:

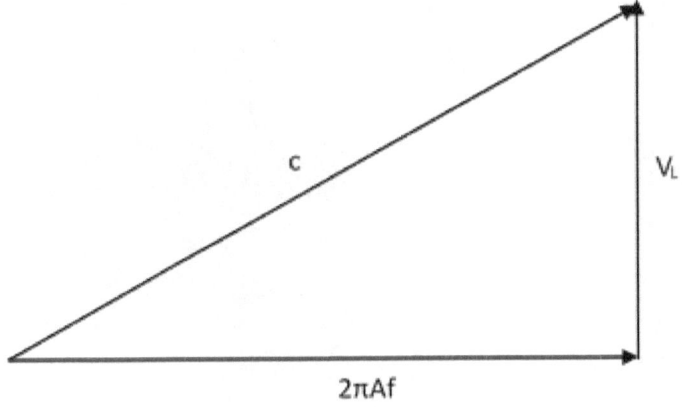

Y si desarrollamos el triángulo según la fórmula de Pitágoras:

$$c^2 = V_L^2 + (2\pi A f)^2$$

Esta fórmula no tiene demasiada validez inicialmente ya que en el vacío y en ausencia de gravedad, la amplitud debe de ser 0 ya que $c = V_L$.

O lo que es lo mismo, el fotón se desplaza en el vacío a la velocidad "c" girando sobre sí mismo, manteniendo de esta manera todas sus características como onda y, asimismo, todas sus características como partícula.

Pero esa fórmula será la base de todo el desarrollo matemático que vamos a acometer.

El comportamiento del fotón como una onda

Hemos visto que el fotón se desplaza de forma helicoidal. Si se mira perpendicularmente a su desplazamiento, podemos comprobar que su proyección plana se corresponde con una onda senoidal.

Además, el giro del fotón es el responsable de la creación del campo electromagnético asociado a las radiaciones electromagnéticas.

El movimiento helicoidal es perfectamente compatible con todos los aspectos de su comportamiento como onda del fotón.

Ese movimiento permite el efecto Compton, el fotoeléctrico, la polarización, la refracción y la dispersión de la luz.

Además, el movimiento helicoidal permite al fotón mantener el movimiento como onda cuando su amplitud es 0, aunque se desplace como una partícula, ya que sigue girando sobre sí mismo.

En el caso de considerar el movimiento del fotón como una onda plana, nos encontramos con dos problemas:

- El primero, que, si el fotón describe el movimiento de onda senoidal, en realidad recorre un camino superior que su desplazamiento, por lo que viajaría a una velocidad superior a la de la luz.
- El segundo, que, si la amplitud fuera 0, el fotón se movería a la velocidad de la luz, pero no se comportaría como una onda, sino como una partícula desplazándose a la velocidad de la luz.

Por tanto, para poder comportarse como una onda, la única posibilidad es realmente el movimiento helicoidal, ya que aunque se desplace a "c", con amplitud 0, mantiene su movimiento como onda al girar sobre sí mismo.

El movimiento helicoidal del fotón permite mantener su frecuencia y su longitud de onda, en ausencia de gravedad como veremos más adelante, a pesar de ser una onda que se desplaza en línea recta debido a que su amplitud es nula.

Es por ello por lo que la onda helicoidal puede cumplir con todos los efectos estudiados de la luz como onda, efectos que con una onda plana serían difíciles de explicar.

Incluso el efecto más complicado, que es el de la polarización de la luz, se cumple con una onda helicoidal. Los cristales que polarizan la luz permiten el paso de ondas que están en fase, impidiendo el paso de otras ondas que no coinciden en esa fase. Para cualquier longitud de onda, el filtro polarizador sólo deja pasar a las que están en fase, impidiendo el paso al resto de ondas que no están en fase.

Por otra parte, los efectos referentes a la refracción y difracción de la luz en una onda helicoidal, aunque su amplitud sea muy pequeña (en la materia la velocidad de la luz es menor que en el vacío y en ausencia de gravedad, por lo que su amplitud no es nula) se manifiestan igual que en cualquier otro tipo de onda.

Y con la gravedad, como vamos a ver a continuación, la amplitud aumenta y, por tanto, los efectos referentes a la refracción y dispersión de la luz se manifiestan en temas como la curvatura de la luz.

La variabilidad de la velocidad de la luz con la gravedad

Vamos a desarrollar la fórmula que hemos visto hace un par de capítulos, paso a paso, para llegar a una conclusión sorprendente. Vamos a coger un fotón y lo vamos a lanzar perpendicularmente hacia el horizonte de sucesos de un agujero negro.

En este capítulo vamos a hacer el sencillo desarrollo matemático de lo que le pasa a un fotón al acercarse a ese agujero negro.

Empezamos con la definición del horizonte de sucesos de un agujero negro, que es esa superficie en la cual la velocidad de escape coincide con la de la luz.

La velocidad de escape es aquella velocidad con la que cualquier partícula puede escapar de un campo gravitatorio, tal y como se vio anteriormente.

En este punto, la velocidad lineal del fotón es 0, ya que el paso de la hélice se anula, la longitud de onda se anula. Este es un aspecto del que hablaremos más adelante.

En ese punto, la amplitud es máxima y la velocidad de escape coincide con c.

Si nos separamos un poco del agujero negro, la velocidad lineal aumenta, mientras que la amplitud se relaciona con la velocidad de escape en ese punto.

El triángulo de velocidades que corresponde al desarrollo de la hélice se convierte en la siguiente figura:

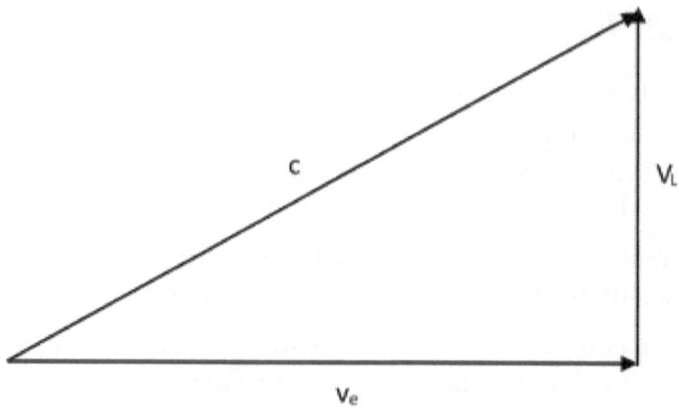

Como vemos en esa figura, si nos situamos en el horizonte de sucesos del agujero negro, donde c coincide con la velocidad de escape, la velocidad lineal de la luz se anula.

Se cumple eso de que nada escapa de un agujero negro, ni siquiera la luz.

En ausencia de gravedad, V_e se anula, y V_L coincide con c.

En un lugar intermedio, es lógico pensar que el desarrollo de la hélice dé lugar a este triángulo de velocidades, donde c se relaciona con V_e y V_L.

Si desarrollamos matemáticamente este triángulo:

$$c^2 = V_L^2 + V_e^2$$

Despejando V_L tenemos:

$$V_L^2 = c^2 - V_e^2$$

$$V_L = \sqrt{c^2 - V_2^2}$$

Como sabemos que:

$$V_e = \sqrt{\frac{2GM}{R}}$$

Entonces:

$$V_L = \sqrt{c^2 - \frac{2GM}{R}} = c\sqrt{1 - \frac{2GM}{Rc^2}}$$

Y ésta es la fórmula que relaciona la velocidad lineal de la luz con la gravedad. Es una fórmula básica en este estudio, ya que nos servirá para sacar un buen número de conclusiones importantes que explicarán un buen número de fenómenos como iremos viendo.

Analizando la fórmula, la velocidad lineal de la luz en el vacío en ausencia de gravedad es la máxima alcanzable, y la gravedad lo que hace es disminuir esa velocidad.

Como veremos más adelante, esa variación de la velocidad con la gravedad es debida a la modificación del espacio-tiempo que provoca la masa.

La variación de la longitud de onda con la gravedad

Cuanto un fotón se acerca a la superficie de una gran masa como puede ser una estrella o un planeta, su longitud de onda varía, disminuyendo. Es el denominado corrimiento al violeta. (O corrimiento al rojo del rayo emitido por una estrella).

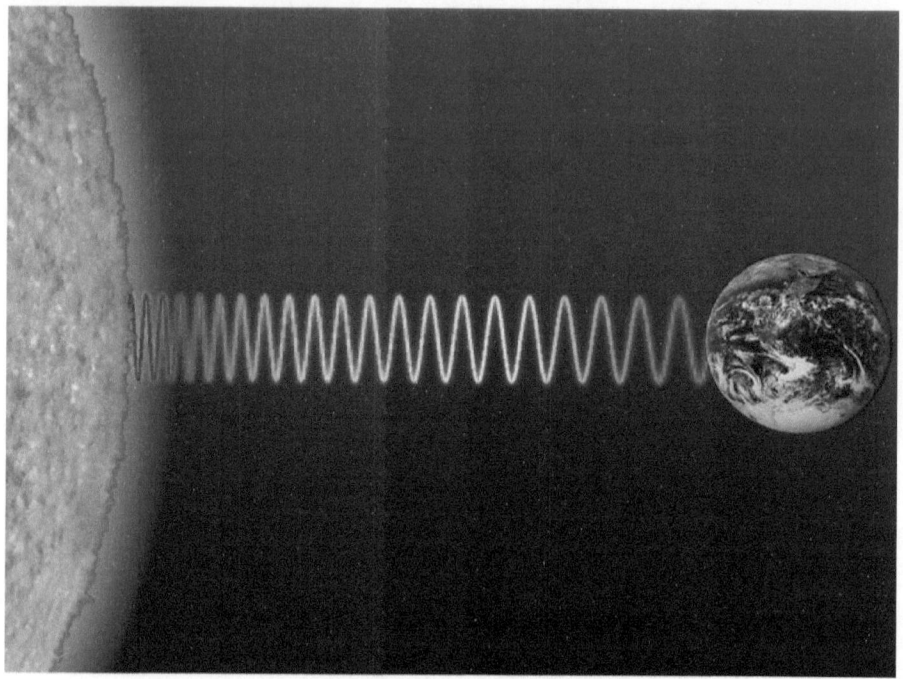

La fórmula que rige esa variación de longitud de onda:

$$\frac{\lambda_{sin\ gravedad} - \lambda_{con\ gravedad}}{\lambda_{con\ gravedad}} = \frac{1}{\sqrt{1 - \dfrac{2GM}{Rc^2}}} - 1$$

Desarrollando

$$\frac{\lambda_{sin\ gravedad}}{\lambda_{con\ gravedad}} = \frac{1}{\sqrt{1 - \dfrac{2GM}{Rc^2}}}$$

Seguimos desarrollando la fórmula:

$$\frac{\lambda_{con\ gravedad}}{\lambda_{sin\ gravedad}} = \sqrt{1 - \frac{2GM}{Rc^2}}$$

Despejando:

$$\lambda_{con\ gravedad} = \lambda_{sin\ gravedad} \sqrt{1 - \frac{2GM}{Rc^2}}$$

Vamos a considerar que la frecuencia del fotón se mantiene constante, o lo que es lo mismo, que la energía del fotón, de acuerdo con la fórmula de Planck, se mantiene constante.

Si multiplicamos los dos términos de la ecuación por dicha frecuencia, obtendríamos lo siguiente:

$$\lambda_{con\ gravedad} \cdot f = \lambda_{sin\ gravedad} \cdot f \sqrt{1 - \frac{2GM}{Rc^2}}$$

Sabemos que el producto de la frecuencia por la longitud de onda en ausencia de gravedad es la velocidad de la luz en el vacío.

En cambio, con gravedad, la longitud de onda disminuye, por lo que el producto de esa longitud de onda por la frecuencia daría una velocidad de la luz inferior a la constante conocida.

Si llamamos a esa velocidad de la luz inferior V_L y desarrollamos, obtenemos:

$$V_L = c \sqrt{1 - \frac{2GM}{Rc^2}}$$

Nuestra ecuación original, obtenida en el anterior capítulo de este libro al estudiar el comportamiento como hélice del fotón en las proximidades de un agujero negro.

La conservación de la energía

En el capítulo anterior hemos supuesto que la frecuencia se mantenía constante para poder demostrar la fórmula de la variación de la velocidad de la luz con la gravedad.

Vamos a demostrar que esa suposición que hemos hecho es completamente válida.

Partamos de la ecuación de la energía de Einstein:

$$E^2 = m^2c^4 + \rho^2c^2$$

ϱ es el momento lineal de la partícula de masa m de la que estamos calculando su energía. A nuestro nivel energético, ese término es muy pequeño respecto al primero, y se puede despreciar, quedando la fórmula:

$$E = mc^2$$

La forma más conocida de la fórmula de Einstein.

En el caso de fotón, ocurre precisamente lo contrario. La masa del fotón es nula, por lo que en ese caso es el primer término de la fórmula el que se anula, quedando como sigue:

$$E = \rho c$$

Por la fórmula de Planck, sabemos que:

$$\rho = \frac{hf}{c}$$

Si despejamos:

$$E = \frac{hf}{c}c = hf$$

Como la longitud de onda varía con la gravedad, para que la energía del fotón se mantenga constante, debe cumplirse que la frecuencia se mantenga constante.

Por tanto, si la longitud de onda varía con la gravedad, y la frecuencia se mantiene constante para conservar la energía del fotón, la fórmula de variación de la velocidad con la gravedad es válida.

Gráficamente se comprende perfectamente en el primer análisis que se planteó, en el de que el fotón se desplaza como una hélice.

Otro aspecto que debemos tener en cuenta con respecto a la conservación de la energía, es el referente a lo que ocurriría en el caso de que mantuviéramos la velocidad de la luz constante.

En ese caso, al partir un fotón de la estrella, tendría una frecuencia y una longitud de onda determinada.

Al alejarse de la estrella, la longitud de onda aumentaría, al disminuir la influencia de su gravedad. Por tanto, la frecuencia de dicho fotón disminuiría, y con él, su energía.

Si ese fotón se acerca a una estrella más masiva que de la que ha partido, su longitud de onda disminuiría, a un valor menor que el inicial que tenía cuando se generó y, por tanto, su frecuencia aumentaría, al igual que su energía.

Ese fotón habría partido con una energía determinada, pero al llegar a la superficie de la segunda estrella, su energía habría aumentado.

La gravedad aumentaría la energía del fotón. No tendría sentido, la energía del universo no se mantendría constante, sino que variaría por obra y gracia de la gravedad.

Por tanto, sólo podemos concluir que la gravedad varía la velocidad de desplazamiento lineal de la luz en el vacío, no su energía.

La relatividad y la velocidad de la luz

La teoría de la relatividad nos dice muchas cosas, pero una de las más interesantes es que la velocidad de la luz es un límite físico que no podemos sobrepasar.

Cuando una partícula se acerca a la velocidad de la luz, la energía que es necesaria para hacer que su velocidad aumente es cada vez mayor, de manera que para que una partícula alcanzara la velocidad de la luz sería necesario aportarle una energía infinita.

También nos dice que cuando nos acercamos a la velocidad de la luz, el tiempo y el espacio se deforman. Para alguien que viaja a la velocidad de la luz, el tiempo no transcurriría, se ralentizaría hasta pararse.

Pero si ese alguien se asomara al espacio que le rodea, vería que, como el tiempo se le ha parado, el espacio de afuera se ha encogido hasta anularse. Sólo así podrá viajar de un punto a otro.

O, dicho de otra manera. Si viajamos a velocidades cercanas a la de la luz, el tiempo en nuestra nave se ralentiza, en muy poco tiempo recorremos mucho espacio, y para que eso pueda ocurrir, cuando nos asomamos por la ventanilla de nuestra nave, veríamos que el espacio se ha encogido.

¿Y qué es lo que le pasa al espacio-tiempo con la gravedad?

Pues precisamente eso, que se encoge. El espacio se deforma y se encoge con la gravedad en la dirección perpendicular al campo gravitatorio. Esa deformación equivale a la reducción que se produce en la velocidad del fotón.

Si un fotón recorre un espacio-tiempo deformado, encogido, deberá tardar más tiempo en recorrerlo, ralentizará su velocidad aparente para un observador lejano, para poder recorrer el mismo espacio tiempo sin variar su velocidad.

Esta variación de la velocidad se manifiesta en la disminución de la longitud de onda al atravesar campos gravitatorios, modificando la amplitud de su hélice.

Es, por tanto, la deformación del espacio-tiempo por el campo gravitatorio la que realmente modifica la velocidad lineal de la luz. El fotón sigue moviéndose a la misma velocidad, pero al hacerlo por un espacio-tiempo deformado, encogido por la gravedad, lo hace a menos velocidad para un observador lejano.

Igualmente, una partícula atrapada en un campo gravitatorio aumenta su velocidad por la fuerza a la que es sometida por la gravedad, pero se debe usar un factor de corrección, ya que la aceleración se ve en parte compensada por la deformación del espacio-tiempo producido por la gravedad.

Así pues, para una partícula, la aceleración por la gravedad desde el punto de vista newtoniano será:

$$a = \frac{GM}{R^2}$$

Cuando en realidad es, debido a la deformación espacio-tiempo:

$$a = \frac{GM}{R^2}\left(1 + \frac{GM}{Rc^2}\right)$$

Y para la luz, la velocidad se convierte en variable, con la fórmula que ya hemos visto anteriormente:

$$V_L = c\sqrt{1 - \frac{2GM}{Rc^2}}$$

Si representamos la deformación del espacio-tiempo que produce un objeto con gran masa, veríamos que cuanto más cerca de su superficie nos encontramos, mayor es esa deformación.

Las líneas gravitatorias están más cerca entre ellas y, por tanto, el espacio-tiempo es más "denso", como en la siguiente figura:

Líneas de deformación del espacio-tiempo, se ve cómo se hace más "denso" al acercarse a la masa.

La relación de la permitividad eléctrica con la gravedad. La fórmula del Todo

La permitividad eléctrica en el vacío, y la permeabilidad magnética, también en el vacío, están relacionadas con la velocidad de la luz a través de la siguiente fórmula:

$$c^2 = \frac{1}{\mu_0 \varepsilon_0}$$

Si analizamos la permeabilidad magnética, vemos que no tiene mucha relación con el vacío. Hay materiales en los que la permeabilidad magnética es mayor que en el vacío y otros en los que es menor.

Sin embargo, en el caso de la permitividad eléctrica, se da el caso de que en el vacío su valor es el menor conocido. No hay material más aislante que la ausencia de materia, que el vacío.

Y si hay algo que caracteriza a la materia, es la gravedad. En el momento en el que aparece la materia, existe la gravedad.

Podríamos pensar que la gravedad influye en la permitividad eléctrica.

Como ya hemos demostrado, la gravedad sí que influye en la velocidad de la luz, concretamente mediante la fórmula:

$$V_L = c\sqrt{1 - \frac{2GM}{Rc^2}}$$

Si transformamos la fórmula que relaciona el magnetismo y la electricidad con la velocidad de la luz, con relación a la gravedad, quedaría de la siguiente manera:

$$V_L^2 = \frac{1}{\mu_0 \varepsilon_0}$$

Desarrollando la fórmula:

$$\frac{1}{\mu_0 \varepsilon_L} = V_L^2 = c^2\left(1 - \frac{2GM}{Rc^2}\right) = c^2 - \frac{2GM}{R} = \frac{c^2 R - 2GM}{R}$$

Despejando:

$$\varepsilon_L = \frac{R}{\mu_0(c^2R - 2GM)}$$

Sabiendo que en el sistema internacional

$$\mu_0 = 4\pi10^{-7}NA^{-2}$$

La fórmula nos quedaría:

$$\varepsilon_L = \frac{R}{4\pi10^{-7}(c^2R - 2GM)} \; C^2\big/Nm^2$$

Esta fórmula relaciona la permitividad eléctrica con la gravedad. A través de esta fórmula por fin las fuerzas fundamentales de la naturaleza quedan relacionadas.

Es la fórmula de la teoría del todo.

Resumen de lo expuesto en este apartado

El fotón es una partícula que no tiene asociado ningún bosón. Se compone únicamente de quantos de energía unidos por la fuerza particular. Analizándolo, llegamos a las siguientes conclusiones:

"El fotón se desplaza como una hélice"

"En ausencia de gravedad, se desplaza a la velocidad de la luz, c, y girando sobre sí mismo"

"Con gravedad el fotón disminuye su velocidad aumentando su amplitud, según la siguiente fórmula:

$$V_L = c\sqrt{1 - \frac{2GM}{Rc^2}}$$

"La frecuencia a la que gira el fotón se mantiene constante mientras su energía no varíe"

"La permitividad eléctrica en el vacío varía en con la gravedad siguiendo la siguiente fórmula, la fórmula del todo:

$$\varepsilon_L = \frac{R}{4\pi10^{-7}(c^2R - 2GM)} \; C^2/Nm^2$$

El neutrino, intermedio entre energía y materia

El neutrino

El neutrino es una partícula muy especial. Es muy difícil de detectar ya que no tiene carga y una masa muy pequeña. Se desplaza a una velocidad cercana a la de la luz.

Pero eso no es lo que la hace tan especial. Lo que la convierte en una partícula única es que es capaz de transmutarse en su propia antipartícula y cambiar de masa (sabor) periódicamente.

Según se desplaza, el neutrino puede ser partícula o antipartícula, neutrino electrón, muon o tau.

Esto significa por una parte que el bosón de Higgs asociado al neutrino es capaz de usar diferentes números de quantos de energía, creando diferentes estructuras de neutrinos.

Y no solo eso, sino que además es capaz de sobrepasar la frontera de Urko, cambiando de sentido de giro.

El neutrino es tan pequeño que atraviesa la materia sin interaccionar con ella, ya que la probabilidad de que choque con un núcleo atómico es ínfima.

Aparte de estas características que lo hacen tan especial, aparece otra muy importante. Su génesis.

El neutrino es un subproducto. Se produce como residuo en las reacciones nucleares. Cuando se desintegra una partícula, generalmente produce neutrinos para poder ajustar la masa. Es como si el bosón de Higgs procedente de la partícula inicial se disgregara en cada una de las partículas formadas, y que una parte acabara en el neutrino.

Pero como se ha visto, el bosón de Higgs asociado al neutrino tiene una característica muy especial. Es capaz de captar quantos de energía del propio neutrino para crecer puntualmente.

Por tanto, las características principales del neutrino se pueden resumir en:

- Se generan como un subproducto de reacciones de desintegración nuclear.
- Mutan de partícula a antipartícula regularmente.
- Cambian de masa, o sabor, también de forma regular.

El neutrino nos da muchas pistas sobre el funcionamiento de la materia. Sus cambios entre partícula y antipartícula sólo son posibles si se trata de una misma partícula, lo que confirma la hipótesis de la Frontera de Urko como explicación a la existencia de las antipartículas.

Por otro lado, el cambio de sabor del neutrino, mutando dentro de la misma partícula sus tres generaciones con diferente masa, confirma la hipótesis de que las partículas están formadas por quantos de energía, y que el bosón de Higgs crea la masa usando esos quantos de energía que conforman la partícula.

El neutrino es tan pequeño que por poca energía que tenga, ésta es inmensa comparada con la que su bosón de Higgs asociado utiliza para crear masa. Por tanto, hay muchos quantos de energía libres, que hacen oscilar a la partícula y la dotan de velocidad.

Además, un número importante de quantos de energía se derivan de la velocidad de la partícula a aumentar su oscilación, de manera que pueda pasar la frontera de Urko y convertirse en un antineutrino.

Pero como la masa es tan pequeña, su velocidad apenas habrá variado, siendo cercana a la de la luz.

Y el bosón de Higgs asociado también puede captar un número importante de quantos de energía y alcanzar el estado incluso tau, y luego desintegrarse cediendo esos quantos de energía al neutrino original, que volverá a viajar a velocidades cercanas a la de la luz.

El neutrino, por tanto, es una partícula muy poco conocida, por su tamaño, poca masa y nula carga, pero muy importante para poder conocer desde la génesis del universo hasta el funcionamiento de la materia.

El neutrino y el antineutrino

Ambos se forman generalmente en desintegraciones nucleares, manteniendo la paridad de las partículas que desaparecen. Así pues, al desintegrarse un pion negativo aparece un electrón y un antineutrino, mientras que al desintegrarse un pion positivo aparece un positrón y un neutrino.

En ambas desintegraciones se conserva la carga eléctrica, y se conserva también el spin, de manera que un quark y un antiquark se desintegran dando lugar a una partícula y una antipartícula.

Las dos son partículas muy pequeñas, con muy poca masa, con un bosón de Higgs asociado muy pequeño, pero eso no implica que no posean energía. Y con una masa tan pequeña, con poca energía que tenga, viajará a velocidades cercanas a la de la luz, tal y como aparece en la fórmula de la velocidad.

$$v = c \sqrt{1 - \frac{E_0^2}{E^2}}$$

Como la energía asociada a la masa es muy pequeña, el término

$$\frac{E_0^2}{E^2} \cong 0$$

por lo que la velocidad de desplazamiento es prácticamente la de la luz en el vacío.

El neutrino puede oscilar con más o menos energía, y su velocidad apenas variará. Los quantos de energía que lo componen pueden pasar de darle velocidad a hacerlo oscilar más rápido, tan rápido que puede traspasar la frontera de Urko, y convertirse en una antipartícula, un antineutrino.

De la misma manera, puede ceder energía de la oscilación al desplazamiento y volver a convertirse en un neutrino.

Los experimentos destinados a detectar la oscilación del neutrino a antineutrino podrían explicar la asimetría observada entre materia y antimateria demostrando además la hipótesis de la frontera de Urko.

Para ver este fenómeno con más detalle, vamos a remontarnos al capítulo en el que se describía la oscilación de la partícula. Se vio que la partícula tenía dos oscilaciones principales, en función de la energía que poseía, que eran una especie de oscilación de avance y otra de giro.

La oscilación de avance puede tener un número de nodos muy elevado, en función de la energía que posea la partícula. En el análisis que se hizo, por simplicidad, se describió una oscilación con un número limitado de nodos.

La partícula también gira, y también tiene un número de nodos en función del ángulo que gire la partícula entre máximos.

Se vio que el número de nodos máximo se alcanzaba cuando la partícula giraba entre máximos 180°, y que entonces la probabilidad de encontrar un quanto de energía en cada punto de la partícula era nula, por lo que este estado era muy inestable.

En una partícula con una masa muy pequeña, como es el caso del neutrino, en la que el bosón de Higgs, el encargado de dotar de masa a la partícula, es muy pequeño, el resto de los quantos presentes en la partícula la dotan de una energía muy alta.

Las oscilaciones de avance pueden variar, sin que varíe apreciablemente la velocidad de desplazamiento del neutrino, y la energía que se dedicaba a esas oscilaciones, pasar a las de giro, de manera que incluso el ángulo entre máximos de esas oscilaciones sea superior a 180°, transmutándose el neutrino en su antineutrino.

Demostrándose entonces la hipótesis de la frontera de Urko y haciendo que la paridad entre materia y antimateria sea irrelevante, ya que la materia y la antimateria no son más que dos valores energéticos diferentes de la misma partícula.

Las tres generaciones de la materia

Los quarks, los electrones y los neutrinos presentan tres estados metaestables diferenciados. En ellos mantienen todas sus características intactas, excepto la masa.

Además, cuanto mayor es la masa de la partícula, mayor es su inestabilidad, excepto en el caso del neutrino, como veremos más adelante.

En estas partículas, el bosón de Higgs, responsable de la masa, puede adoptar diferentes estados metaestables, o lo que es lo mismo, el bosón de Higgs parasita más quantos de energía procedentes de la partícula.

El bosón de Higgs en cada partícula puede tener varios estados metaestables, en los que usa un número cada vez mayor de quantos de energía. El número de quantos de energía que utiliza en cada estado metaestable viene determinado por la fórmula de Einstein de la energía.

En el estado energético inferior la partícula permanece estable. Pero cuando el bosón de Higgs, por cualquier razón, pasa a un estado metaestable superior, utiliza más quantos de energía de la partícula, afectando a la fuerza particular, pudiendo provocar o bien la vuelta al estado metaestable anterior perdiendo la partícula energía en forma de fotones y neutrinos, o incluso la desintegración de la partícula en otras diferentes.

Las causas más frecuentes de creación de partículas de una generación superior son los choques con otras partículas muy energéticas. La vida media de estas partículas es muy breve, desintegrándose rápidamente.

La energía que se genera en el choque de esas partículas es absorbida temporalmente por el bosón de Higgs de una de ellas, pasando a una o incluso dos generaciones superiores, a uno o dos estados metaestables superiores del bosón.

Pero el bosón no es estable con tanta masa, y se desintegra, perdiendo la energía que ha adquirido, ya sea en forma de neutrino, ya sea como fotón.

Podría darse el caso de que el bosón de Higgs tuviera estados metaestables superiores, pero la experiencia da tiempos de vida muy cortos a la tercera generación, por lo que es de suponer que una cuarta generación presentaría tiempos de vida tan cortos que quizá fueran indetectables, o incluso por debajo del tiempo de Planck y, por tanto, imposibles.

La estabilidad del bosón de Higgs está relacionada por tanto con la estabilidad de la materia. Estados inestables del bosón de Higgs, que dan lugar a generaciones superiores de las partículas, mucho más pesadas, son también de vida más corta.

Debemos nuestra existencia, por tanto, a los estados estables del bosón de Higgs, que hacen que las partículas puedan tener masa y ser estables. Un bosón de Higgs inestable desintegra las partículas, y las partículas que no pueden albergar un bosón de Higgs no son capaces de tener masa y son pura energía, son fotones, y no se fijan, sino que viajan a la velocidad de la luz.

La estabilidad del bosón de Higgs en las tres generaciones sólo se da en el neutrino, como se verá en el siguiente capítulo. O más bien la inestabilidad en cada uno de los estados metaestables.

La oscilación del neutrino

Una de las fuentes de neutrinos más cercanas a la tierra es el sol. Las reacciones nucleares que se producen en el interior de nuestra estrella producen como subproducto un buen número de neutrinos.

Pero existe una amplia discrepancia entre el número de neutrinos calculado que tiene que llegar a la tierra con respecto a los que realmente aparecen. Concretamente se detectan un tercio de los neutrinos esperados.

Esto es debido a que los neutrinos cambian de sabor, entre neutrino electrónico, muon y tau de forma regular, de manera que el neutrino tiene cada uno de los tres sabores durante un tercio del tiempo.

La oscilación es equilibrada en el tiempo entre los tres equilibrios del bosón de Higgs del neutrino. Hay que señalar una cosa. Así como en el resto de las partículas que se han estudiado el bosón permanece estable en uno de sus estados, mientras que en el resto es altamente inestable, en el caso del neutrino el bosón de Higgs es inestable en los tres estados.

Cualquiera de los tres sabores del neutrino es variable, y siempre en la misma proporción. Por ello aparece en el tiempo de forma equilibrada cualquiera de los tres sabores.

La hipótesis más probable es que el bosón de Higgs asociado al neutrino tenga tres estados metaestables, con una energía asociada en cada uno de ellos de 2 eV, 190 KeV y 18,2 MeV. Si la energía de cambio de estado para pasar de neutrino electrón a muon y de muon a tau igual y, por supuesto, superior a los 18,2 MeV del estado tau, tendremos que el bosón de Higgs asociado al neutrino puede mutar indistintamente de electrón a muon o tau, de muon a electrón o tau y de tau a electrón o muon.

Eso explicaría que el neutrino pueda mutar entre los tres estados. Sin embargo, quedaría por explicar el por qué el bosón de Higgs del neutrino electrón puede tomar tanta energía, y que la probabilidad de que la coja es la misma de que la coja el muon o el tau, que necesitan menos energía para mutar.

En el neutrino además se produce un hecho especial. La probabilidad de encontrar un neutrino en estado electrón, muon o tau es la misma. Para explicar este hecho hay que tener en cuenta fenómenos relativistas. Si aplicamos la fórmula de la velocidad de Einstein se comprende mejor lo que ocurre con el neutrino.

$$v = c \sqrt{1 - \frac{E_0^2}{E^2}}$$

Si el neutrino oscila entre sus tres sabores, como mínimo debe tener la energía correspondiente a la masa del neutrino tau. Esto significa que el neutrino electrón se mueve a velocidades cercanas a la de la luz. El neutrino muon se debe mover al menos al 99,995 % de la velocidad de la luz.

Por tanto, debido a la velocidad a la que se desplaza el neutrino, el tiempo está muy distorsionado en él. Aunque el neutrino electrón fuera extremadamente inestable, debido a efectos relativistas el tiempo se alarga extraordinariamente. En el estado muon ocurre lo mismo.

Aunque no sabemos cuál es la energía necesaria para que el neutrino mute entre electrón, muon y tau, si ésta es muy alta, el neutrino tau también viajaría a gran velocidad.

El tiempo, por tanto, queda muy distorsionado por la velocidad a la que viaja el neutrino. La explicación de que la probabilidad de que el neutrino pueda presentarse como electrón, muon o tau sea la misma es mucho más compleja, y aún nos queda lejana de explicar.

Es más, a efectos relativistas, cuando se comporta como un antineutrino incluso el tiempo viaja hacia atrás, aunque también muy distorsionado por la velocidad.

Resumen de lo expuesto en este apartado

El neutrino es una partícula intermedia entre la energía y la materia. Posee masa, por lo que es una partícula material, pero tan poca que viaja a velocidades cercanas a la de la luz.

"El neutrino es un subproducto de reacciones nucleares"

"El neutrino oscila entre partícula y antipartícula saltando la frontera de Urko"

"El bosón de Higgs asociado muta constantemente entre los tres estados metaestables"

"En el neutrino el tiempo está tan distorsionado que los tres estados metaestables del bosón de Higgs, aunque muten sin control, se presentan para un observador lejano como equilibrados"

La materia

El nucleón

Los bariones están formados por tres quarks y un gluon. Si son una composición U-D-U, se conforma un protón. Si, por el contrario, son un D-U-D, se trata de un neutrón.

Pero los bariones, dentro del núcleo, están constantemente variando entre protones y neutrones. A los bariones dentro del núcleo se les denomina nucleones, y tienen un comportamiento especial.

Primero, son necesarios tres quarks para conformar un nucleón. Esto es debido a que para que la partícula sea estable, debe tener una carga eléctrica correspondiente a un quanto eléctrico.

Con quarks sólo hay dos posibilidades de crear partículas estables. Si entran en juego antiquarks, aparecen cuatro posibilidades adicionales, formadas por un quark y un antiquark.

Pero si nos centramos en los nucleones, nos encontramos con las dos posibilidades principales, formadas por dos quarks iguales y uno diferente.

Los tres quarks se colocan en capas concéntricas. En el caso del nucleón que se comporta como protón, de dentro a afuera, U-D-U, y en el caso del neutrón, de dentro a afuera, D-U-D.

Los tres quarks oscilan acompasados, los U en un sentido, los D en el otro. Gracias a ese diferente sentido de giro, unos aportan carga positiva y otros negativa al bosón eléctrico.

Los quarks que componen el nucleón intercambian energía entre ellos. Se acaban acompasando en su movimiento gracias a ese intercambio de energía, ya que se producen campos eléctricos en forma de ondas estacionarias, y modificaciones del espacio que ocupan por su oscilación.

Los quarks acaban buscando el equilibrio. Los más energéticos tienen más probabilidad de ceder energía, y los menos energéticos más de tomarla, de manera que se acaba equilibrando el nucleón.

Los quarks más exteriores obtienen energía de los mesones que se anulan en sus proximidades, cediéndola a los más interiores. En el corazón del nucleón el gluon es capaz de formar pares quark-antiquark.

El gluon es fundamental para la formación tanto de los bariones como de los nucleones. Se trata de una partícula que crea un campo de fuerza oscilante a su alrededor, de manera que alcanza máximos o mínimos, concéntricos a ella.

En los máximos de fuerza se colocan los quarks. El gluon es capaz de crear hasta 4 espacios en los que se pueden colocar los quarks, pero sólo se mantienen estables en los tres primeros. El cuarto espacio de energía puede ser compartido con otros gluones, de manera que gracias a él se forma el núcleo atómico, ya que mantiene unidos a los nucleones.

El gluon tiene la energía suficiente como para que en él se formen pares partícula-antipartícula de quarks, pares que darán lugar a los mesones.

La formación de los mesones

El nucleón se conforma como un conjunto de 3 quarks, situados uno dentro del otro, de forma más o menos concéntrica, ocupando 3 capas, espacios energéticos creados por una cuarta partícula, el gluon. Las tres capas se equilibran en energía intercambiando energía, gracias a la conocida como fuerza nuclear débil.

En el interior del nucleón, en el gluon, se puede formar un par partícula-antipartícula, tal y como se ha visto anteriormente. Las dos partículas se forman en la Frontera de Urko, ligadas entre sí, iguales y simétricas. Al tratarse de un punto inestable, una de ellas cede energía a la otra y se separan, una como partícula y otra como antipartícula.

Si se trata de un nucleón caracterizado como un protón, sabemos que su capa más interior se corresponde con un quark tipo U. Si el par partícula-antipartícula es tipo U, el par escapará del núcleo, pero se aniquilará antes de llegar a la superficie, y los dos fotones creados serán absorbidos por el nucleón otra vez, equilibrándose otra vez su energía.

Pero si, por el contrario, el par partícula-antipartícula creado es de tipo D, el quark creado tenderá a ocupar la capa más interna del nucleón, desplazando hacia afuera al quark tipo U que ocupaba la capa más interna, que se desplazará a la capa central, desplazando a su vez al quark central a la capa externa, expulsando al quark que la ocupaba.

Desde el interior del nucleón el antiquark tipo D se desplaza hasta la superficie, ligándose al quark tipo U que ha sido expulsado de la capa más exterior.

El nucleón ha cambiado sus capas. Ya no se trata de un protón, con tres capas U-D-U sino un neutrón con tres capas D-U-D y en su superficie ha aparecido un mesón con un quark tipo U y un antiquark tipo D, o sea, un pion positivo.

Con el neutrón pasa lo mismo, pero al revés. Cuando se crea un par partícula-antipartícula tipo U, se desplazan las capas hacia el exterior, formándose un protón y un pion negativo.

Este fenómeno ocurre constantemente dentro del núcleo atómico, formándose piones y mutando los nucleones de protones a neutrones constantemente.

En este fenómeno hay que tener en cuenta dos cosas:

- La energía dentro del núcleo permanece constante, por lo menos hasta que se produce una desintegración, en la que se modifica el núcleo y se emiten partículas, que restan energía al propio núcleo.
- El par de partícula-antipartícula creado es de tipo quark.

Hay otro fenómeno para tener en cuenta. Aunque el par partícula-antipartícula se pueda formar en cualquier momento, cuando sale del núcleo lo hace oscilando de forma acompasada con el resto del nucleón.

Al formarse el par partícula-antipartícula el nucleón ha cedido energía. Un número determinado de quantos de energía del quark más interior transportan esa energía. Ese quark es expulsado a la capa media por el quark recién formado y desplaza al central a la capa exterior, mientras que el que estaba en el exterior se une al antiquark formado para crear un mesón.

El nucleón ha perdido la energía correspondiente a la formación del pion. Rápidamente se equilibran los tres quarks que lo conforman, pero empiezan a oscilar con menor energía que los nucleones a su alrededor, que cederán parte de su energía hasta lograr el equilibro del núcleo otra vez.

Los nucleones del núcleo han cedido energía al pion creado. Cuando éste se aniquile recuperarán la energía cedida.

La energía de los piones que se aniquilan tiende a ser captada por los nucleones con menos energía.

El bosón encargado de mantener el mesón unido es el bosón W.

La estructura nuclear

En capítulos anteriores se ha visto cómo se organizan los quarks dentro del nucleón. Tal y como se vio, el gluon crea zonas energéticamente estables donde se pueden situar los quarks, mientras que en otras posiciones son más inestables y ahí no se colocan los quarks.

Se ha visto que los quarks se colocan en capas concéntricas. Esta posición es la más lógica, ya que permite el intercambio de energía y la formación de mesones. La colocación de los quarks es similar a la de los electrones en el núcleo, buscando los espacios más estables, y creando esos mismos espacios por su propia presencia.

Fuera del nucleón se crea una nueva capa de estabilidad. Esta capa se comparte por diferentes nucleones. Y en esta capa de estabilidad es por donde fluyen los mesones, como una partícula compleja ligada, que no se fija estable alrededor del nucleón, sino que se desliza entre ellos, por la mencionada capa de estabilidad.

La carga eléctrica del núcleo a veces está en el nucleón, siempre como carga positiva, o bien en la capa estable que comparten los nucleones en forma de piones positivos o negativos.

Cuando un pion positivo se encuentra con un pion negativo, cada quark se une a su antiquark y se aniquila, formándose 4 fotones, uno por quark, que rápidamente son absorbidos por los nucleones cercanos.

Esa energía rápidamente se distribuye por el núcleo, equilibrándose.

Pero en ese intercambio de energía, puntualmente un nucleón tiene una punta energética, de manera que se crea un par partícula-antipartícula, un par quark-antiquark en el centro del núcleo, y comienza el proceso de formación de un pion, hasta que éste se aniquile y devuelva la energía al núcleo.

La fuerza nuclear fuerte, la que mantiene unidos a los nucleones en el núcleo atómico, está relacionada con los piones. Son los encargados de mantener el núcleo unido, mientras que una combinación entre la fuerza nuclear fuerte y débil es la encargada de equilibrar energéticamente el núcleo.

El conjunto de nucleones tiene cierto equilibro en cargas, de manera que, si hay un exceso o defecto de carga eléctrica en el núcleo, éste tiende a buscar ese equilibrio emitiendo piones, en el fenómeno conocido como desintegración beta.

El conjunto de nucleones del núcleo también puede ser inestable, perdiendo paquetes de cuatro nucleones, con una carga positiva correspondiente a dos quantos eléctricos. Esto se conoce como la desintegración alfa.

Experimentalmente se ve que los núcleos estables se encuentran dentro de una franja determinada, como se ve en la figura:

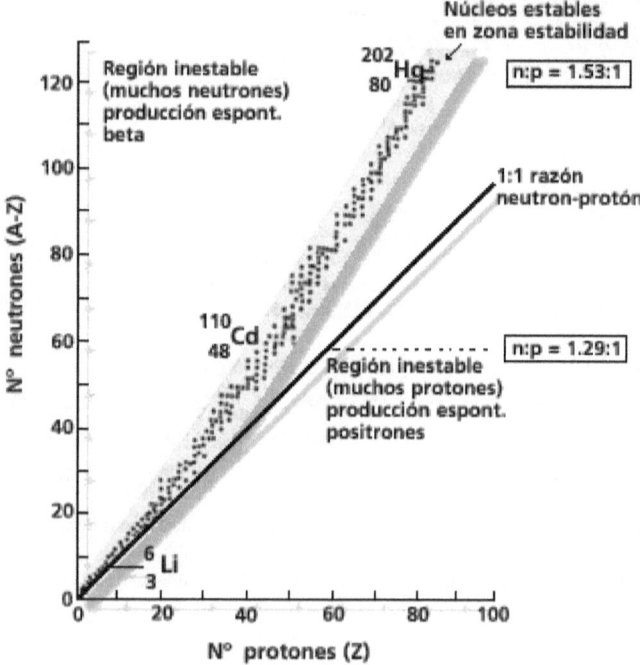

Por encima de la franja amarilla los núcleos inestables se desintegran mediante desintegración beta negativa, y por debajo, beta positiva. Si el núcleo es muy inestable y con la desintegración beta no es suficiente para alcanzar la zona de estabilidad, se produce una desintegración alfa.

El núcleo se va construyendo y sumando nucleones y buscando la estabilidad eléctrica mediante la emisión de piones o partículas alfa.

En el núcleo se manifiestan las cuatro fuerzas fundamentales:

- La fuerza particular es la que mantiene a los quantos de energía unidos formando las partículas elementales.
- La fuerza nuclear débil integra los quarks dentro de los nucleones. Los intercambios energéticos dentro del nucleón hacen que los quarks que los componen oscilen equilibrados. El gluon es el encargado de mantener los quarks unidos.
- La fuerza nuclear fuerte mantiene unidos a los nucleones y equilibra el núcleo mediante los piones, que intercambian energía entre nucleones y estabilizan la carga eléctrica del núcleo. El gluon es también el que crea esa fuerza.
- La fuerza gravitatoria, creada a partir del bosón de Higgs, modifica el espacio-tiempo por donde se mueve la partícula.
- La fuerza electromagnética mediante campos de ondas estacionarias crea espacios donde los electrones pueden situarse alrededor del núcleo, y es la responsable de las reacciones químicas, creada por el bosón eléctrico.

La desintegración del neutrón

Es ya el momento de distinguir entre bariones y nucleones. Esencialmente son lo mismo, partículas formadas por tres quarks, que combinados dan lugar a un neutrón o a un protón.

La diferencia es que dentro del núcleo atómico mutan constantemente de forma estable, cediendo piones y captando energía para formar nuevos piones, de manera que se mantiene el núcleo atómico estable. Se produce un intercambio de energía entre los nucleones para equilibrar energéticamente el núcleo por medio de los piones, responsables de la fuerza nuclear fuerte. Se denominan nucleones.

Pero cuando se encuentran aislados, solitarios, se comportan como bariones, que no pueden intercambiar piones. La fuerzan nuclear fuerte no actúa porque no hay un núcleo con el que intercambiar energía.

En este caso, uno de los bariones debe de ser más estable que el otro. Si no fuera así, las partículas acabarían desintegrándose y perdiendo energía. Y sabemos que eso no ocurre.

Sabemos que el neutrón emite un pion negativo mientras se transmuta en un protón. Y se ha visto que, al no encontrarse con un pion positivo, no puede aniquilarse, por lo que tarde o temprano (concretamente tras una vida media de 886 segundos) el pion abandona el neutrón y acaba desintegrándose a su vez en un electrón y un antineutrino.

El pion al dejar el neutrón deja parte de su energía, que recupera el protón, y rápidamente se desintegra en un electrón y un antineutrino que se queda con la energía sobrante del bosón al transmutarse en un electrón.

En definitiva, el neutrón se desintegra en un protón y un electrón perdiendo parte de su energía en forma de una partícula muy pequeña, pero a su vez muy energética, un antineutrino.

Recordemos que inicialmente el pion negativo se compone de un quark D y un antiquark U. El antineutrino hereda el sentido de giro del antiquark U mientras que los dos quarks se recombinan formando un electrón, perdiendo su bosón de Higgs asociado parte de su masa pasando a un estado metaestable inferior.

El neutrón se compone de dos quarks D, como ya se ha dicho, y uno U. Los quarks D son más pesados que el quark U. Para permanecer estable, necesita estar en un entorno más energético que el protón, que es más ligero.

No debemos olvidar que las partículas están compuestas por quantos de energía por lo que cuanta menos masa tenga una partícula, cuanto más pequeño sea el estado metaestable de su bosón de Higgs asociado, más estable será. Para que partículas pesadas sean estables, necesitan un entorno energético mayor.

La estabilidad del protón

En cambio, el protón es más estable, no se transmuta tan fácilmente. De hacerlo lo haría convirtiéndose en un neutrón y creando un neutrino y un positrón. El que el protón sea estable (su periodo de desintegración es tan alto que supera la edad del universo) permite que la materia exista.

Si el protón no fuera estable, se transmutaría en un neutrón, y posteriormente éste en un protón, y así sucesivamente, hasta perder toda su energía emitiendo electrones y positrones, así como neutrinos y antineutrinos. Llegaría un momento en el que el barión perdería tanta energía que ya no podría transmutarse, y a una temperatura cercana al cero absoluto.

Sabemos que eso no ocurre, por suerte. Y eso es debido a que, si bien el neutrón se desintegra con facilidad, el protón es una partícula estable fuera del núcleo.

Dentro del núcleo eso cambia, de ahí la diferencia que se ha visto entre bariones y nucleones. La fuerza nuclear fuerte es la responsable de que el protón pueda transmutarse en neutrón. Fuera del núcleo esa fuerza no existe, por lo que no se produce esa transmutación.

El protón tiene una masa ligeramente inferior al neutrón, y está formado por dos quarks U, más ligeros, y uno D. El protón es estable en condiciones de energía más bajas que el neutrón. No necesita condiciones energéticas especiales para mantenerse estable.

El protón además tiene carga eléctrica, por lo que crea tal y como se ha visto un campo eléctrico estable a su alrededor en el que puede situarse un electrón.

Y el electrón, al unirse al protón, crea el átomo de hidrógeno.

En el átomo de hidrógeno se puede ver cómo funciona el enlace covalente entre átomos. El protón crea un espacio eléctrico estable en el que se sitúa un electrón, como ya se ha visto.

Sin embargo, ese espacio que se crea, puede albergar 2 electrones, pero no tiene carga eléctrica suficiente como para atraer a un electrón.

Pero si dos protones se acercan lo suficiente, el espacio eléctrico donde se puede situar el electrón puede solaparse, y los electrones de cada uno de los protones se compartirán.

Si los electrones se sitúan en el espacio eléctrico de uno de los protones, los dos átomos creados, el que tiene sólo un protón, con carga positiva, y el que tiene un protón y dos electrones, con carga negativa, se atraerán. Los electrones van intercambiándose de átomo, y mantienen a la molécula unida.

Vemos que tenemos dos de las partículas más importantes de la materia definida. Ahora pasaremos al electrón, la tercera partícula en orden de importancia.

El electrón

Con anterioridad hemos analizado el mecanismo de creación del electrón, partiendo de un quark D y un antiquark U. Estas dos partículas elementales formaban un electrón, perdiendo energía por un lado en forma de antineutrino, y por otro cediéndola al protón en el que se transmutaba el neutrón.

Y esa reacción de formación del electrón es reversible. Mediante energía y en presencia de un protón, el electrón desaparece y forma un pion negativo que se anulará con un pion positivo, creando un neutrón.

El que el electrón provenga de dos quarks por un lado, y que mantenga una carga eléctrica correspondiente a un quanto eléctrico, en este caso negativo, nos hacen pensar de que el electrón, a pesar de que su masa haya disminuido y sea una partícula muy estable, quizá no sea una partícula elemental, como se ha pensado hasta ahora, sino que proviene de un entrelazamiento de un quark y un antiquark que, como ambos tienen carga negativa, giran en el mismo sentido, al contrario de las partículas que forman los bariones.

Sin embargo, el que tenga un spin semientero al contrario que el bosón del que procede, nos indica que algún tipo de transformación fundamental ha sufrido al perder el antineutrino en su formación. Como se verá más adelante en esta transformación tiene mucho que ver el bosón W.

El mecanismo de formación del electrón a partir del neutrón, también nos dará pistas sobre la formación del neutrino.

El electrón se comporta como una partícula de poca masa, pero a pesar de ello, cuando se sitúa en el espacio de carga eléctrica alrededor de un núcleo, es capaz de solaparlo en la parte correspondiente a su carga eléctrica.

Podríamos plantear que el electrón se sitúa en esa capa ocupándola parcialmente, envolviéndola en parte, como se ha visto con los quarks en los bariones.

En la primera capa eléctrica en la que se pueden colocar electrones, lo harán dos de ellos, en la segunda ocho y así sucesivamente.

Los electrones no se colocan como partículas girando a gran velocidad, sino como una partícula que oscila acompasada con el núcleo, en forma de onda estacionaria, creciendo y envolviendo el núcleo. Los quantos de energía que componen el electrón se separan, manteniéndose distendidos, formando la partícula, que mantiene la masa, pero que aumenta el tamaño, de manera que ocupa todo el espacio eléctrico positivo de las capas que componen el átomo.

En cada capa caben un número determinado de electrones, que pueden salir de ese espacio. En una misma molécula, en determinadas condiciones, como en el enlace covalente o en el metálico, los electrones se mueven de forma libre entre los diferentes átomos que la componen.

El electrón se convierte en una especie de nube electrónica compacta, que se dilata y ocupa el espacio, pero que no se puede perder los quantos de energía que lo componen, gracias a la fuerza particular, salvo los necesarios para equilibrar energéticamente toda la capa de electrones.

Esa nube electrónica es una única partícula, un electrón. Se mantiene unida gracias a la fuerza particular y oscila limitada dentro del campo eléctrico positivo alrededor del núcleo atómico, estando esta oscilación estacionaria relacionada con la energía que tiene el propio núcleo.

Es importante señalar que el campo eléctrico que crea el núcleo es una franja estable en la que se distribuye toda la carga eléctrica del núcleo, por lo que el electrón debe adaptarse a esa capa.

Si el electrón fuera una pequeña partícula que gira orbitando alrededor del núcleo, como señala la teoría clásica, se producirían inestabilidades de carga, ya que la carga eléctrica sí estaría en este caso concentrada.

Para poder moverse de forma estable en la zona eléctrica positiva creada por el núcleo, el electrón debe adaptarse a ella, expandiéndose y formando, como se ha visto, una capa alrededor del núcleo, que anula la carga eléctrica positiva en todo el espacio que ocupa.

El que el electrón esté compuesto por quarks permite esa formación, tal y como se vio también que hacían los propios quarks alrededor del gluon.

El efecto fotoeléctrico

En el capítulo anterior se ha visto cómo el electrón se instala en una capa electrónica, entre los límites eléctricos que marca la carga del núcleo. El electrón se sitúa en ese espacio como una nube electrónica, pero formando una partícula que oscila por la energía que tiene.

El electrón se acompasa a ese campo eléctrico variable, manteniéndose dentro de sus límites. Pero si ese electrón tiene mucha energía, su oscilación estacionaria puede que provoque que se salga de los límites eléctricos creados por el núcleo y se escape del átomo.

Pero en condiciones normales el electrón se acompasará a los límites eléctricos que aparecen desde el núcleo. Independientemente de la energía del núcleo, los límites eléctricos están bien definidos, por lo que la energía del electrón también se mantiene estable ajustándose a esos límites eléctricos.

Si aparece un fotón que alcanza la nube electrónica más externa del átomo, cede su energía al electrón con el que topa, haciendo que éste oscile con mayor energía.

Pero el electrón buscará otra vez su punto de mayor estabilidad, por lo que cederá la energía que le sobra, la que ha adquirido del fotón, rápidamente, de forma instantánea, ya sea hacia el núcleo, aumentando la temperatura del material, ya sea hacia el exterior, reflejando la energía recibida como un fotón.

Sin embargo, si el fotón tiene la energía suficiente, hará que el electrón salga de los límites eléctricos, del pozo energético eléctrico del núcleo, liberándose.

Éste es el conocido efecto fotoeléctrico. Si el electrón no adquiere la energía suficiente como para salir del núcleo, cederá la energía adquirida para volver a su estado de estabilidad.

Por el contrario, si se sobrepasa ese umbral energético, el electrón saldrá del espacio energético en el que estaba confinado. Además, dependiendo de la energía del fotón, éste saldrá con mayor o menor velocidad.

Es importante señalar que el electrón, mientras está atrapado dentro de los límites eléctricos marcados por el núcleo, mantiene un equilibrio energético, de manera que, si adquiere energía de un fotón, pero no la suficiente como para escapar de su confinamiento, cederá esa energía, ya que buscará volver a su equilibrio energético.

También hay que tener en cuenta que la energía del fotón se cede instantáneamente al electrón, y que éste sale instantáneamente del núcleo si ha adquirido la energía suficiente o, por el contrario, la devuelve también instantáneamente para volver a su estado de equilibrio, si no es suficiente como para escapar del núcleo.

El efecto fotoeléctrico confirma el postulado de que los límites del pozo energético eléctrico creados por el núcleo son estables independientemente de la energía de los nucleones, y que el electrón dentro del átomo mantiene una energía estable, para buscar su mayor equilibrio al oscilar dentro de los límites del pozo energético eléctrico.

La creación de los quarks

Lo que se ha visto hasta ahora nos hace plantear una hipótesis interesante. La generación partícula-antipartícula se produce fundamentalmente entre quarks.

Este planteamiento se debe a que la energía es capaz de generar pares partícula-antipartícula, y en el interior del núcleo, del gluon, la energía existente es capaz de crear esos pares.

Si esa energía es capaz de crear pares de partícula-antipartícula, podría formar cualquier par, y el más sencillo de crear es el par neutrino-antineutrino, ya que es la partícula más sencilla. Sin embargo, si se produjeran ese tipo de par de partículas, el núcleo iría perdiendo energía poco a poco, hasta "morir", hasta no tener la energía suficiente como para formar otro par de partícula-antipartícula.

En cambio, se sabe que el núcleo no pierde energía tan fácilmente, aunque se forman esos pares partícula-antipartícula constantemente, como se ha visto, para mantener núcleo unido e intercambiando sus nucleones energía entre sí.

Esto nos lleva a plantear esa hipótesis de que la generación del par partícula-antipartícula es de quarks.

Además, nos confirmaría la hipótesis de la Frontera de Urko. El par se forma en esa frontera, con energía equilibrada entre las dos partículas. Las partículas oscilan en esa frontera, y es ahí donde realmente se pueden generar, tal y como se vio anteriormente.

Una de las dos partículas cede energía a la otra y se separan como un quark y su antiquark. La generación del par se crea dentro del gluon, que es donde al parecer se concentra la energía libre, los quantos de energía que pueden generar el par quark-antiquark.

Si se ha producido un par de quarks tipo U en el interior de un nucleón tipo protón, se escapará del nucleón hasta la capa exterior y se aniquilarán rápidamente cediendo la energía.

En cambio, si ese par tipo U se ha formado dentro de uno tipo neutrón, el quark U desplazará al D existente en el centro del nucleón hasta la siguiente capa, donde el D procedente del interior desplazará al U existente, y éste irá a la capa exterior desplazando al D exterior, que se juntará con el antiquark tipo U procedente del interior, uniéndose en un pion negativo, mientras que el nucleón mutará a uno tipo protón.

El pion se desplazará por la capa energética exterior que comparten los nucleones hasta encontrar a un pion positivo con el que se aniquilará, devolviendo la energía con la que fue creado, los quantos de energía que los componen, al núcleo.

Dentro del núcleo, el balance energético se mantiene estable, por lo que no hay emisión de partículas desde él.

En una partícula aislada, estable, que no se desintegra, no hay pérdida de energía en forma de partículas con masa, como neutrinos u otros diferentes a los mesones, por lo que la hipótesis de que se forman pares partícula-antipartícula fundamentalmente de quarks es válida.

Eso no significa que no puedan formarse pares de otros tipos de partícula, pero la física cuántica nos dice que la probabilidad de que eso ocurra es muy inferior a la de formación de quarks, al menos dentro del núcleo.

O lo que es lo mismo, la probabilidad de que se forme un par partícula-antipartícula de quarks es mucho más alta que de otros tipos de partícula. La pregunta que hay que hacerse es que si eso ocurre sólo en el interior del núcleo o si ocurre siempre que hay quantos de energía libres lo suficientemente cercanos como para formar una partícula. Y su correspondiente antipartícula.

La partícula alfa

El núcleo atómico necesita una estabilidad, tal y como se ha visto cuando se ha estudiado la estructura nuclear. Cuando la carga eléctrica con respecto al número de nucleones está desequilibrada según el diagrama de estabilidad, se producen una serie de fenómenos de desintegración para alcanzar esa estabilidad.

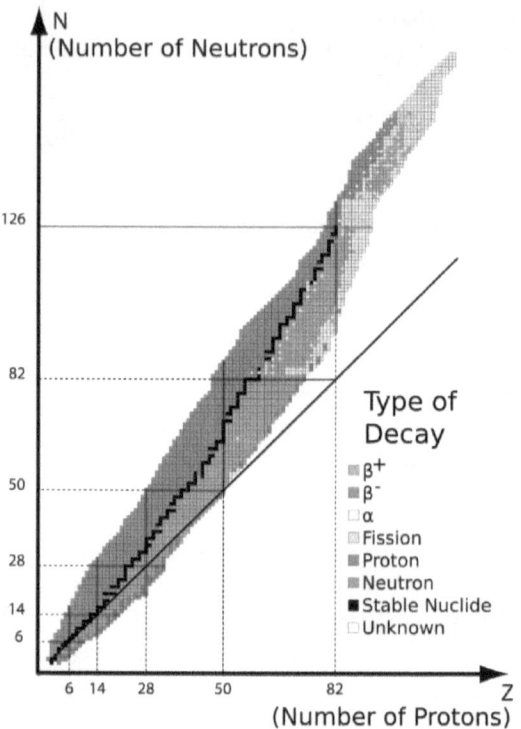

Fuente: Wikipedia

Si el isótopo se encuentra muy alejado de la zona estable, tanto que no es capaz de estabilizarse mediante una desintegración beta, parte de los nucleones se escapan en forma de partícula alfa, de manera que el núcleo se estabiliza de forma más rápida.

Como se ve en el esquema superior, la desintegración alfa se produce en núcleos situados a la derecha de la línea de estabilidad, ya que, al producirse, la relación neutrones/protones aumenta. Si se diera en isótopos a la izquierda de la línea de estabilidad, el subproducto sería aún más inestable.

La partícula alfa se compone de cuatro nucleones con una carga eléctrica total positiva correspondiente a dos quantos eléctricos. Esta configuración es muy estable. Cuando la partícula alfa adquiere dos electrones se convierte en un átomo de helio, uno de los átomos menos reactivos y más estables que se conocen.

La emisión de esta partícula no es casual. Si se emitiera un nucleón con carga positiva, o sea, un protón, o un par de nucleones, también con una carga eléctrica positiva, seguramente se produciría una reacción química con el átomo de hidrógeno o deuterio creado, una hidrogenación, que no se produce.

La partícula alfa es mucho más estable que una partícula formada por uno, dos o tres nucleones. De hecho, el átomo de helio que se genera al captar dos electrones la partícula alfa es el más estable, el único que se mantiene líquido a temperaturas cercanas al 0 absoluto, y el menos reactivo de los gases nobles que se conoce.

La generación de la partícula alfa

De entrada, partimos de un núcleo inestable, con un número elevado de nucleones, y fuera de los parámetros de estabilidad que se ha comentado. Los intercambios energéticos dentro del núcleo, a través de mesones, es intensa, pero muy desequilibrada.

La relación entre neutrones y protones se encuentra desplazada hacia la derecha, con demasiadas cargas positivas como para que el núcleo sea estable.

En estas condiciones es muy probable que se forme en una zona del núcleo un subnúcleo formado por 4 nucleones con dos cargas positivas. Este subnúcleo puede alcanzar una estabilidad dentro del núcleo inestable, manteniendo sus dos cargas positivas, y con un equilibrio energético propio.

Los desequilibrios energéticos en el núcleo por el número de protones elevado que la desintegración beta positiva no es capaz de gestionar darán lugar a que esa pequeña isla energética estable formada por esos 4 nucleones y sus dos cargas positivas se separen.

El núcleo, al perder dos protones y dos neutrones, se acerca a la relación entre protones y neutrones más estable, y la partícula alfa emitida es extremadamente estable.

La partícula alfa, al desprenderse, no volverá a integrarse en el núcleo. Al poco captará dos electrones, probablemente los que queden libres del núcleo, y se estabilizará en un átomo de helio.

La desintegración alfa da mucha estabilidad a átomos muy pesados en los que el número de cargas positivas es muy elevado respecto al de nucleones.

Si el núcleo sigue siendo muy inestable, podrá perder más partículas alfa, siempre y cuando se puedan crear los mencionados subnúcleos estables en su interior formados por 4 nucleones y 2 cargas positivas.

Hay que señalar que el helio existente en la tierra procede en su mayor parte de la desintegración alfa de partículas de peso atómico elevado, por lo que este tipo de desintegración es muy frecuente, gracias a la estabilidad de los subnúcleos que se forman.

La formación de un subnúcleo alfa aparece en núcleos de gran tamaño. En un núcleo con muchos nucleones con una carga positiva elevada se forman muchos piones positivos con respecto a los negativos. La formación de piones supone la pérdida de energía de determinados nucleones, con lo que oscilan a una frecuencia menor que el resto. Estas oscilaciones diferentes inestabilizan el núcleo. Es algo que también ocurre cuando el número de cargas positivas es muy pequeño con respecto al número de nucleones. El equilibrio energético se alcanza generalmente equilibrando la carga, mediante la pérdida de piones, ya sean negativos o positivos.

En el caso de la desintegración alfa, esta pérdida de piones no es suficiente como para equilibrar el núcleo, pero se crea una estabilidad local en algún lugar del núcleo, con 4 nucleones y dos cargas positivas.

A su alrededor el núcleo es inestable, con nucleones con más energía que otros, oscilando a una frecuencia diferente. En determinado momento la inestabilidad del núcleo puede hacer que el subnúcleo estable se desprenda como partícula alfa.

La pérdida de energía del núcleo es elevada al salir de él una partícula alfa, aumentando la estabilidad. El núcleo aún puede ser inestable y se pueden seguir perdiendo partículas alfa o piones hasta alcanzar un equilibro estable.

La relación entre la energía del núcleo y su estabilidad

El núcleo, para buscar su estabilidad, tal y como se ha visto en el capítulo anterior, pierde partículas alfa o piones. Tanto las partículas alfa como los piones son en realidad formas diferentes de energía. El núcleo pierde quantos de energía para buscar su estabilidad.

La inestabilidad del núcleo se debe a desequilibrios energéticos locales de los nucleones. Cada vez que un nucleón se transmuta es porque ha perdido energía creando un par partícula-antipartícula de quarks que acaba generando un pion.

Un pion positivo se anula con uno negativo, y se devuelve energía al nucleón más cercano. Esta creación y aniquilamiento de piones equilibra energéticamente los nucleones que conforman el núcleo.

Pero cuando las cargas positivas netas del núcleo no están equilibradas con respecto al número de nucleones, la aniquilación de piones positivos respecto al de negativos que se generan tampoco está equilibrada, apareciendo nucleones localmente con más energía que otros, o lo que es lo mismo, oscilando a mayor frecuencia que otros, creando inestabilidades en el núcleo.

Estas inestabilidades se corrigen o bien perdiendo nucleones, lo más comúnmente como partículas alfa, o variando la carga eléctrica hasta lograr el equilibrio escapando piones del núcleo.

El equilibro se logra, en átomos con un número pequeño de nucleones, cuando la carga eléctrica se corresponde con la mitad del número de nucleones. Según aumenta el tamaño del átomo, este equilibrio se desplaza a una carga eléctrica algo inferior a la mitad del número de nucleones.

El núcleo atómico buscará el estado de máxima estabilidad energética de la única manera que puede hacerlo, perdiendo energía hasta que el intercambio de piones entre los diferentes nucleones del núcleo se realiza de forma estable, de manera que todos los nucleones tienen un nivel energético similar.

Esto significa que los nucleones oscilarán de forma equilibrada entre ellos, sin que haya nucleones que tengan un exceso de energía con respecto a otros, y el núcleo no se desestabilizará.

La estabilidad del núcleo está relacionada por tanto con la energía que tiene y la carga eléctrica. Un núcleo inestable perderá carga eléctrica, ya sea positiva o negativa y, por tanto, energía, hasta lograr un equilibrio en el cual los piones generados, positivos y negativos, se anulan regularmente, manteniendo todos los nucleones en un nivel energético similar, o lo que es lo mismo, una frecuencia de oscilación dentro de unos rangos equilibrados.

Los nucleones no tienen todos la misma energía, no todos oscilan a la misma frecuencia, ya que cuando se genera un pion, se pierde energía, que no se recupera hasta que se aniquila con otro pion de carga contraria.

Pero hay una relación de carga eléctrica positiva y número de nucleones que hace que el núcleo esté estable. Fuera de esa relación, ya sea por encima o por debajo, el núcleo perderá energía hasta lograr esa estabilidad.

Cuando un núcleo estable adquiere energía, como por ejemplo porque se calienta, ésta se distribuye gracias a la generación de piones de forma equilibrada por todo el núcleo, manteniéndose la carga eléctrica. La energía total del núcleo es independiente de su estabilidad, con tal de que la relación entre nucleones y carga eléctrica se mantenga dentro de los límites de equilibrio.

Los nucleones que tienen más energía generan más piones que los que tienen menos, y los que tienen menos, captan más fácilmente energía que los que tienen más, ya que la que captan se la quedan más tiempo, al generar menos piones que los nucleones más energéticos.

Resumen de lo expuesto en este apartado

La materia está compuesta sobre todo por núcleos atómicos, nucleones y bariones y electrones. Son las partículas con un bosón de Higgs asociado que provoca una deformación gravitatoria importante.

"El nucleón varía constantemente en el interior del núcleo atómico entre protón y neutrón, emitiendo piones"

"En el gluon se forman pares de partícula-antipartícula tipo quarks"

"Son los piones los encargados de equilibrar energéticamente al núcleo atómico"

"En un núcleo atómico hay zonas estables en la relación protones-neutrones. Fuera de esa zona el núcleo tiende a equilibrarse mediante diferentes desintegraciones, beta o alfa principalmente"

"El electrón está formado por un quark y un antiquark antagónico, y se coloca como una nube electrónica en los puntos de carga eléctrica alrededor del núcleo"

"El electrón colocado en su capa tiene una energía estable, independiente de la energía que tiene el núcleo"

"El efecto fotoeléctrico consiste en que un fotón cede energía a un electrón, que, o bien devuelve la energía otra vez al ambiente o la cede al núcleo, o bien, si esa energía que le ha cedido es suficiente, sale de los límites del pozo finito en el que se encuentra y abandona el núcleo"

"Los quarks se forman como un par quark-antiquark en la frontera de Urko"

"La partícula alfa se emite de núcleos inestables al crearse islas energéticas más estables formadas por 4 nucleones y dos cargas eléctricas. La inestabilidad energética del núcleo hace que esas partículas se escapen del núcleo"

"Por medio de las diferentes desintegraciones, el núcleo pierde energía, y gana en estabilidad"

El estudio de los agujeros negros

¿Por qué un agujero negro?

Un agujero negro es muy interesante desde el punto de vista del análisis físico, ya que su horizonte de sucesos, que es la superficie a su alrededor en la que la velocidad de escape coincide con la de la luz, nos impide saber qué pasa dentro de él, pero a la vez abre un campo de estudio increíble.

El agujero negro está sometido a las leyes de la física, pero las lleva al extremo. Tiene peculiaridades que lo hacen muy especial.

Por ejemplo, cuando mayor es un agujero negro, menor es su densidad. Es más, los agujeros negros supermasivos tienen una densidad bajísima, inferior incluso al del aire de nuestra atmósfera.

Otra peculiaridad de los agujeros negros es el horizonte de sucesos, en el que la velocidad de la luz se anula. A ambos lados del horizonte de sucesos ocurren hechos muy sugestivos, como veremos en capítulos posteriores.

La luz se comporta de forma diferente a ambos lados del agujero negro, y el movimiento de las partículas también se realiza de forma muy especial.

Aunque un agujero negro por definición no deja escapar nada de él, sí que se producen emisiones importantes de rayos gamma en lo que podríamos denominar sus polos cuando está absorbiendo materia.

También veremos por qué la materia en el interior del agujero negro, y en su superficie, se mueve a grandes velocidades, en ocasiones cercanas a la de la luz.

Y todos estos fenómenos nos permiten explicar, gracias a las peculiaridades de los agujeros negros, una parte importante de los fenómenos que dieron origen al Big Bang y al universo tal y como lo conocemos ahora.

La evolución de una estrella

En el corazón de una estrella se producen una serie de reacciones nucleares que generan mucha energía. Esta energía es la que hace brillar a las estrellas.

En las estrellas más jóvenes el núcleo está formado por un plasma de protones sometido a mucha presión y a alta temperatura.

Esos protones reaccionan entre sí, uniéndose y formando núcleos de deuterio, al transmutarse, tal y como se ha visto al estudiar el nucleón, uno de los protones en un neutrón por medio de la desintegración beta negativa.

Esos núcleos de deuterio creados absorben otro protón, que rápidamente se transmuta en un neutrón por otra desintegración beta negativa.

Estas reacciones son endotérmicas, necesitan energía para producirse. No es sencillo que dos protones, con una carga positiva repelente, se acaben uniendo, en necesaria mucha energía para conseguirlo. Una vez unidos sí que es cierto que pierden energía por la desintegración beta. Rápidamente el nuevo átomo creado de dos protones, altamente inestable, pierde un electrón y un neutrino, amén de un fotón, buscando un equilibrio energético inferior.

Para que se produzcan estas reacciones son necesarias unas condiciones de presión y temperatura muy altas. Para que estas condiciones se den, es necesaria una masa crítica que sea capaz de generarlas.

Pero una vez iniciada la reacción, ésta ya es imparable. Los núcleos de deuterio y tritio creados reaccionan rápidamente generando núcleos de helio, mucho más estables, emitiendo neutrones que se unen a núcleos de deuterio próximos, y multiplicando la reacción.

Las estrellas siguen evolucionando, consumiendo el helio mediante la fusión triple alfa, que da lugar a átomos de carbono, comenzando el ciclo del carbono, en el cual se van añadiendo al carbono, debido a la gran presión y temperatura que existe, protones.

Mediante esa absorción de protones y desintegraciones beta intermedias, se alcanza un núcleo de oxígeno 16 qué se desintegra, emitiendo importantes cantidades de energía, mediante una desintegración alfa, en un átomo de carbono 12 otra vez y uno de helio.

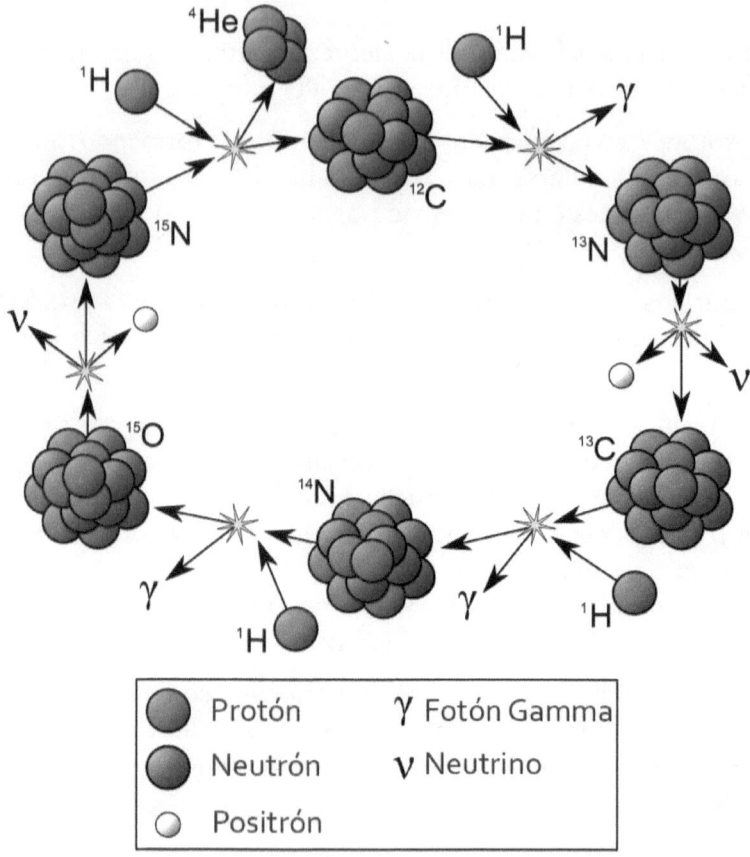

Conforme aumenta la presión y la temperatura, el carbono comienza a reaccionar entre sí, formando núcleos más pesados. Aparecen el sodio 23 y el neón 20 como los más frecuentes.

El neón sufre una desintegración alfa, transmutándose en oxígeno 16 y una partícula alfa, un núcleo de helio, que se combina con otros núcleos de neón formando magnesio 24.

Según se acaba el neón, el oxígeno comienza a reaccionar entre sí, y mediante diversas desintegraciones da lugar al silicio 28. La temperatura y la presión aumentan otra vez y el silicio reacciona entre sí para dar lugar a níquel 56, un núcleo muy inestable que da lugar mediante desintegraciones beta al núcleo de hierro 56, que ya no reacciona exotérmicamente, estabilizándose la estrella y creándose capas con los diferentes elementos, tal y como se ve en la figura:

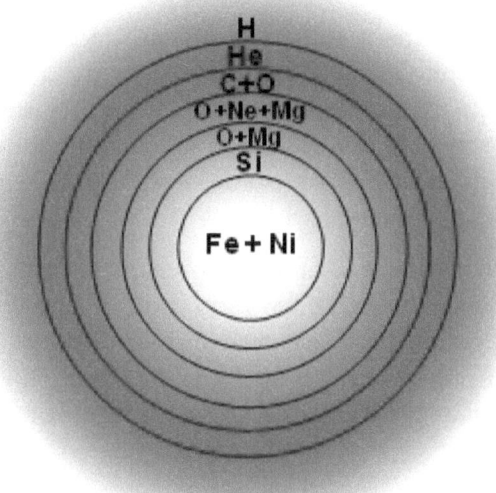

Las reacciones del núcleo ya no son exotérmicas, por lo que la estrella comienza a colapsar, aumentando el núcleo de hierro y níquel según se agota el combustible.

Supernovas

Se ha analizado la evolución de las reacciones nucleares de la estrella. Cada una de ellas se corresponde con una fase en su vida. Independientemente del tamaño de la estrella, se inicia la combustión del hidrógeno formándose helio, y cuando hay una cantidad de helio suficiente, se genera carbono, tal y como se ha visto en el capítulo anterior.

Cuando aparece una masa suficiente de carbono, se inicia el ciclo del carbono, que se repite durante la mayor parte de la vida de la estrella. Este ciclo depende mucho de la presión y la temperatura, por lo que en estrellas poco masivas dura decenas de miles de millones de años, pero en estrellas muy masivas la evolución es mucho más rápida, pudiéndose reducir a apenas 2 o 3 millones de años.

En estrellas ligeras no se alcanza la presión suficiente en el núcleo como para superar el ciclo del carbono, pero si hay la suficiente masa las reacciones seguirán hasta alcanzar el hierro-níquel, formándose un núcleo de hierro-níquel muy pesado, en una reacción endotérmica que comienza a captar toda la energía de la estrella, enfriándose según se genera hierro.

Al enfriarse, si el núcleo es lo suficientemente grande, comienza a colapsar, aumentando la densidad y la gravedad a su alrededor, hasta el punto en el que se puede alcanzar el punto crítico de fisión del hierro y del níquel, iniciándose una reacción en cadena muy rápida y energética, que desencadena una gran explosión, se ha generado una supernova.

Este tipo de reacciones nucleares explosivas es similar a la que se produce en una bomba atómica. En ésta, se comprime una bola de plutonio mediante una explosión a su alrededor que a densidad normal no es reactiva hasta la densidad en la que se inicia una reacción en cadena prácticamente instantánea que consume todo el plutonio.

En una supernova no es el explosivo el que genera el aumento de densidad hasta, en este caso, el hierro, alcanzar la densidad crítica, sino la gravedad, pero cuando se alcanza, ésta produce una gigantesca reacción en cadena que da lugar a una explosión de proporciones inimaginables.

La estrella de neutrones

La supernova ha consumido una parte importante del hierro presente en el núcleo, pero aún queda lo suficiente como para seguir comprimiendo el material presente. En la superficie de la estrella la gravedad es tan fuerte que el espacio tiempo está deformado de manera extrema.

En esos puntos el espacio electrónico donde se colocan los electrones está tan cercano al núcleo que los electrones se reconvierten en piones negativos que se colocan en la capa exterior del gluon.

Los protones existentes en el núcleo degeneran, como se ha visto, en neutrones y piones positivos, que van aniquilándose con los piones negativos procedentes de los electrones.

Los núcleos atómicos se van convirtiendo en neutrones, aumentando el colapso de la estrella hacia el interior, aumentando esa costra, hasta que gran parte del núcleo se ha colapsado en una estrella de neutrones.

En las estrellas de neutrones se forma una coraza de hierro que es la que colapsa hacia el interior aumentando en el interior tanto la presión que el material contenido degenera en neutrones.

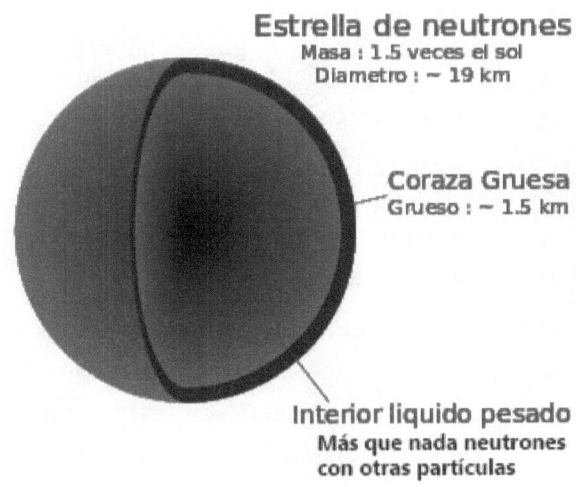

Estrella de neutrones
Masa : 1.5 veces el sol
Diametro : ~ 19 km

Coraza Gruesa
Grueso : ~ 1.5 km

Interior liquido pesado
Más que nada neutrones
con otras partículas

La formación de un agujero negro

En capítulos anteriores hemos visto cómo la estrella va evolucionando y cómo en algunos casos se alcanza una estrella de neutrones.

Aunque el núcleo de la estrella sigue colapsando, debido a la fuerte distorsión del espacio-tiempo a su alrededor, cada vez lo hace, a ojos de un observador alejado de él, más despacio. El tiempo se ralentiza, y ese núcleo es incapaz de colapsar lo suficiente como para convertirse en un agujero negro.

El radio en el que se forma el horizonte de sucesos para un agujero negro de masa M se determina con la siguiente fórmula, calculada igualando la velocidad de escape a la de la luz en el vacío en ausencia de gravedad:

$$R = \frac{2GM}{c^2}$$

Pero si ese núcleo colapsante de neutrones atrapa a una estrella de una masa similar a la suya, y esa estrella comienza a caer en su gravedad, nos encontramos con un hecho curioso.

La estrella se desintegra en una nube de materia que empieza a girar alrededor del núcleo de la estrella de neutrones, y acaba formando una especie de capa de materia que se acerca al núcleo inicial poco a poco.

Pero la masa M se ha doblado y, por tanto, el radio R en el que se forma el horizonte de sucesos, también será el doble.

Y ese nuevo radio R se puede formar al exterior del sistema dual que forman el núcleo colapsando y la estrella ya destruida girando alrededor del núcleo como una esfera concéntrica. Se habrá generado un agujero negro, que tiene una serie de peculiaridades.

- El núcleo lo forma la estrella de neutrones colapsante inicial
- En la superficie del agujero negro, cerca del horizonte de sucesos, en su interior, se ha formado una capa de materia que no está colapsando, que puede ser materia bariónica normal.
- La suma de las masas es la que crea el agujero negro.
- Si el agujero negro atrapa más estrellas, éstas se irán colocando en esferas concéntricas alrededor de las anteriores.

- La densidad global del agujero negro es muy pequeña. La densidad de las capas superficiales tampoco es extrema, pero la del núcleo sí que lo es.
- Como veremos, se producen episodios energéticos muy interesantes en el agujero negro.

Para generar un agujero negro como se ha visto, es necesario que una estrella de neutrones atrape a una estrella con su gravedad y que ésta, al disgregarse forma el agujero negro. Pero esto no es algo normal. Hay que darse cuenta de que los fenómenos extremos de la estrella de neutrones se dan en su superficie, pero no en un espacio lejano, donde la distorsión provocada por la gravedad no es diferente a la de la estrella original.

Por ello, lo más probable es que el agujero negro se genere en un sistema binario en el que dos estrellas intercambian energía y, sobre todo, materia en forma de protones.

Si una de ellas colapsa, dejará de emitir protones, pero captará los de la otra estrella, aumentando poco a poco su masa, disgregando a la segunda estrella, hasta formar de esta manera un agujero negro.

Tras el horizonte de sucesos de un agujero negro

Hemos demostrado que la velocidad de la luz en el horizonte de sucesos de un agujero negro se anula. Pero no sabemos qué es lo que pasa con la luz una vez superado el horizonte de sucesos.

Si aplicamos la fórmula:

$$V_L = c\sqrt{1 - \frac{2GM}{Rc^2}}$$

Más allá del horizonte de sucesos el término

$$\frac{2GM}{Rc^2}$$

es mayor que 1, por lo que aparece un número negativo en el interior de la raíz cuadrada. Lo que aparentemente no parece tener una resolución lógica, se ve mejor con la representación del desarrollo de la hélice.

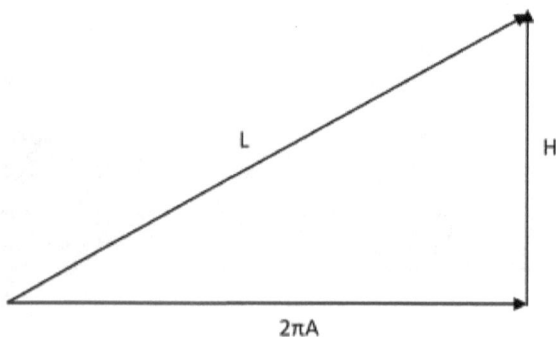

Donde H coincide con la longitud de onda del fotón desplazándose como una hélice. Cuando se alcanza el horizonte de sucesos de un agujero negro la longitud de onda se anula.

Cuando se supera el horizonte de sucesos la longitud de onda se hará negativa. O lo que es lo mismo, si multiplicamos por la frecuencia del fotón, la velocidad lineal del fotón se haría negativa.

La explicación de este fenómeno es que en el interior de un agujero negro el fotón sólo puede dirigirse hacia el horizonte de sucesos.

Volviendo a la fórmula inicial, cambiando el signo del interior de la raíz:

$$V_L = c \sqrt{\frac{2GM}{Rc^2} - 1}$$

La velocidad de la luz disminuye según se acerca al horizonte de sucesos desde el interior.

El horizonte de sucesos de un agujero negro es una superficie muy especial, ya que atrae a la energía y, como vamos a ver, la acumula.

En el horizonte de sucesos los fotones anulan su velocidad. Y cuando se acercan a él su velocidad va disminuyendo paulatinamente, en relación con la distancia que los separa de ese horizonte de sucesos.

Pero con varias peculiaridades:

-   La velocidad del fotón disminuye, pero sólo en la dirección perpendicular a la superficie del horizonte de sucesos. En la dirección paralela a ese horizonte de sucesos no se ve afectada.
-   El fotón en el exterior del agujero negro puede desplazarse en todas direcciones.
-   El fotón en el interior del agujero negro no puede desplazarse hacia el exterior

Sin embargo, estos postulados hay que analizarlos con cuidado. Como hemos visto en el capítulo anterior, la masa del agujero negro se acumula en el núcleo y en la superficie.

También sabemos que, en esferas huecas, la gravedad de la superficie no afecta al interior. Por tanto, aunque en el exterior del agujero negro se ha formado un horizonte de sucesos, si avanzamos hacia el interior, nos encontramos la superficie formada por la masa de la estrella atrapada por el núcleo de neutrones inicialmente.

Pero luego queda un hueco entre esa capa formada por la estrella atrapada y el núcleo de neutrones. Como hemos visto, el núcleo de neutrones no tenía la densidad suficiente como para formar un agujero negro, y seguirá colapsando poco a poco, emitiendo energía que calentará la capa exterior.

Y es en esta capa donde sí se cumple que los fotones se desplazan a hacia el horizonte de sucesos. La materia en esta capa es muy energética, y como los fotones se desplazan al exterior, pero a poca velocidad, lo que sí que hacen es provocar el movimiento de esa materia, de manera que el agujero negro gira como una peonza a gran velocidad, debido a la gran cantidad de energía acumulada.

Si el agujero negro atrapa otra estrella, ésta formará una nueva capa exterior, desplazando el horizonte de sucesos más hacia el exterior.

El agujero negro se compone por tanto de un núcleo inicial de alta densidad, que sigue colapsando, y de capas superpuestas que giran a gran velocidad por la cantidad de energía acumulada.

Esta capa puede crecer por la velocidad de giro, acercándose al horizonte de sucesos, en vez de colapsar hacia el núcleo. Es por la gran deformación del espacio-tiempo que el movimiento hacia el centro del agujero negro se hace extremadamente complicado.

La acumulación de la energía en el horizonte de sucesos

Hemos analizado lo que ocurre en el interior de un agujero negro con la materia. Los fotones, compuestos por quantos de energía, sólo pueden desplazarse hacia el exterior, por lo que la materia va perdiendo su energía.

Esos fotones salen del núcleo del agujero negro a gran velocidad, despendiendo de la distancia al horizonte de sucesos, disminuyendo su velocidad al acercarse al horizonte de sucesos.

La energía del agujero negro se va acumulando en el horizonte de sucesos, en su interior, ya que, al ser la velocidad del fotón nula en ese horizonte de sucesos, los fotones nunca pueden llegar a él. El horizonte de sucesos es una barrera efectiva que impide que nada salga el agujero negro.

Aunque los fotones se desplazan a velocidad cada vez menor cuanto más cerca están del horizonte de sucesos en la dirección perpendicular a la superficie, sin embargo, en la dirección paralela a ese horizonte pueden desplazarse libremente.

La energía libre en forma de fotones se acumula en la superficie y los quantos de energía se unen en fotones cada vez más energéticos, por la alta densidad de energía existente.

Y es en esta superficie además donde se acumula la materia atrapada por el agujero negro, formando una costra de partículas muy energéticas.

Como se ha visto cuando se analizó la formación del agujero negro, la materia queda atrapada en su interior no tanto por el colapso hacia el núcleo sino más bien por el crecimiento del horizonte de sucesos.

Es en las proximidades del horizonte de sucesos donde aparece la materia atrapada por el agujero negro, acumulando mucha energía. Los fotones no pueden ir hacia el interior del agujero negro, pero, por el contrario, sí que pueden moverse hacia el horizonte de sucesos. Las partículas intercambian energía. Las que más al interior quedan la pierden poco a poco, mientras los fotones alcanzan las más cercanas al horizonte de sucesos, provocando que esas partículas tengan mucha energía, que se manifiesta con una rotación por la superficie del agujero negro a gran velocidad, y una muy alta temperatura.

Este fenómeno se ha constatado por ejemplo en el agujero negro denominado OJ287, que rota a una velocidad de un tercio de la de la luz.

Se trata de un agujero negro supermasivo, que tiene alrededor de 18.000 millones de veces la masa del sol. Esa gran masa tiene también una gran energía que, al acumularse en la superficie, provoca esa rotación a esa velocidad.

La acumulación de energía en las partículas cercanas al horizonte de sucesos no sólo tiene como consecuencia esa rotación a grandes velocidades, sino también que la superficie del agujero negro esté a una temperatura muy elevada.

La materia en las proximidades de un agujero negro

Un agujero negro atrae a masas cercanas. Estrellas que son atrapadas por su gravedad no tienen salvación. Irremisiblemente caerán hacia su horizonte de sucesos.

Pero en ese horizonte de sucesos ocurre algo especial. Hemos visto que la velocidad de los fotones en ese horizonte de sucesos se anula por la distorsión del espacio-tiempo. Esto significa que en el eje radial del agujero negro la velocidad de la materia se anula, y como la materia no puede alcanzar la velocidad de la luz, la anulación de su velocidad se produce antes del horizonte de sucesos.

Alrededor del horizonte de sucesos la materia atrapada por el agujero negro se acumula, girando a gran velocidad, ya que la energía se acumula en sus proximidades.

La masa del agujero negro aumenta por la materia que atrapa, y el horizonte de sucesos aumenta su radio, atrapando a esa masa, que pasa al interior del agujero negro.

La energía atrapada en el horizonte de sucesos se fija a la materia recién atrapada, calentándola e infiriéndole velocidad. Como se ha visto en el apartado anterior, la materia en las proximidades del horizonte de sucesos del agujero negro gira a gran velocidad sobre sí misma.

El crecimiento del agujero negro se produce no por el atrapamiento de la masa por la atracción de su gravedad, sino por el aumento del radio del horizonte de sucesos.

La materia cercana al agujero negro se ve acelerada por la distorsión del campo gravitatorio, y modifica la superficie del horizonte de sucesos, creando pequeños agujeros por los que puede atravesar ese horizonte de sucesos y llegar al interior. Este fenómeno lo analizaremos más adelante.

Además, la masa que se va acumulando alrededor del agujero negro hace que la masa total de éste aumente, y crezca el horizonte de sucesos, superando a la materia atrapada.

Y al atravesar el energético horizonte de sucesos, donde se acumula la energía, adquieren mucha más energía, acelerándose tangencialmente y uniéndose al movimiento de la masa interior del agujero negro.

Este fenómeno, junto con el comentado en el apartado anterior, tiene un efecto importante. La masa del agujero negro tiende a acumularse en su superficie.

Eso podría explicar el fenómeno de la baja densidad de los agujeros negros supermasivos.

Cuando explicamos la formación de un agujero negro, hablábamos del colapso de una estrella, de cómo se convertía en una estrella de neutrones. El espacio-tiempo está muy distorsionado y las partículas están muy juntas.

Pero cuando analizamos un agujero negro supermasivo, como el ya comentado OJ287, que tiene 18.000 millones de masas solares ($3,6x10^{40}$ kg), vemos que el radio del horizonte de sucesos sería:

$$R = \frac{2GM}{c^2} = 5,3x10^{13} \ m$$

El volumen correspondiente es de:

$$V = \frac{4}{3}\pi R^3 = 6,4x10^{41} m^3$$

Por tanto, la densidad media del agujero negro será:

$$d = \frac{M}{V} = 0,056 \ {}^{kg}/_{m^3}$$

Es muy inferior por ejemplo a la del agua, 1.000 kg/m^3 o incluso del aire, 1,2 kg/m^3.

La materia en la superficie del agujero negro, en las cercanías del horizonte de sucesos, es muy energética. No tiene por qué colapsar a pesar de la fuerte gravedad existente, pero sí que se comprime en estrechas capas superpuestas.

Cuando un agujero negro atrapa otra estrella, ésta formará otra capa que cubra toda la superficie del agujero negro. La materia de la anterior tenderá poco a poco a ir colapsando hacia el núcleo, mientras que los fotones que le proporcionan la energía huirán hacia el horizonte de sucesos.

Según avanzamos hacia el interior del agujero negro nos encontramos con diferentes capas, cada una procedente de una estrella atrapada, y cada vez más gruesas, ya que las más exteriores son más finas porque tienen más superficie que cubrir.

Las capas interiores tienen cada vez tienen menos energía, y se desplazan lentamente hacia el interior del agujero negro. La energía que han perdido ha migrado poco a poco hacia la superficie. Las capas más cercanas a la superficie son muy delgadas y acumulan mucha energía.

En el interior de ese agujero negro aparece otro horizonte de sucesos, interno, ya que, una vez dejadas atrás las capas más superficiales, la masa interior de la estrella de neutrones inicial no es capaz de crear un agujero negro y, si lo hace, es muy cerca de su superficie.

En el espacio entre el horizonte de sucesos interior y el núcleo la materia cae hacia el interior, y la energía que irradia el núcleo es atrapada por las capas superficiales, impidiéndole volver hacia el interior.

La variabilidad de la amplitud de la onda que describe el fotón

A lo largo de este análisis hemos comprobado dos cosas. La primera, que la velocidad de la luz es variable con la gravedad. Y la segunda, que la amplitud de la hélice aumenta con la gravedad.

La fórmula que rige la variabilidad de la amplitud de la hélice es la que sigue:

$$2\pi A f = \sqrt{\frac{2GM}{R}}$$

Despejando la amplitud:

$$A = \frac{1}{\pi f} \sqrt{\frac{GM}{2R}}$$

Del análisis de esta fórmula, podemos sacar dos conclusiones muy importantes.

La primera, que la amplitud de la hélice que describe el fotón al desplazarse es inversamente proporcional a la frecuencia de dicho fotón.

Este punto es muy importante. Las ondas de baja frecuencia tienen una amplitud de onda muy grande comparadas con las de alta frecuencia.

La segunda conclusión que obtenemos también tiene una gran importancia. Al aumentar la masa, o sea, la gravedad, la amplitud también aumenta, alcanzando su máximo en el horizonte de sucesos de un agujero negro.

Resulta llamativo que, si bien la velocidad de la luz depende únicamente de la gravedad, en este caso la amplitud depende, además de la gravedad, de la frecuencia.

Como veremos más adelante, esta variabilidad de la amplitud tiene una serie de consecuencias muy importantes.

La refracción de la luz

Imaginemos que un fotón se acerca a una masa lo suficientemente grande como para influir en la amplitud de la hélice que describe, y que lo hace de forma tangencial a la superficie de esa masa.

Al acercarse a esa masa la amplitud de la hélice aumenta. Si se acerca tangencialmente, debido a la amplitud, cuando está más alejado de la masa, la velocidad es mayor, y la longitud de onda es mayor que cuando está en el extremo más cercano.

Eso produce que la trayectoria del fotón sufra una pequeña curvatura por efecto de la gravedad, mayor cuanto más esa perturbación debido a que la amplitud es mayor.

Este efecto se conoce como refracción de la luz. Es debido a la variación de la velocidad de la luz con la gravedad.

La refracción de la luz se regula a través de la ley de Snell:

$$n_1 \, sen\theta_1 = n_2 \, sen\theta_2$$

Como:

$$n = \frac{c}{v}$$

Tenemos que:

$$\frac{sen\theta_1}{V_1} = \frac{sen\theta_2}{V_2}$$

Como:

$$V_L = c \sqrt{1 - \frac{2GM}{Rc^2}}$$

La refracción de la luz está relacionada con la distancia al centro de gravedad de la masa que provoca la deformación de la trayectoria de la luz. Cuanto menor es R, mayor es el índice de refracción.

La curvatura de la luz es variable con esa distancia y progresiva según se acerca a la masa, hasta un punto en el cual la distancia es mínima. A partir de ese punto el fotón se aleja de la masa y disminuye esa curvatura.

La fórmula que desarrolló Einstein para calcular el ángulo total de desviación de la luz es la siguiente:

$$\alpha = \frac{4GM}{Rc^2}$$

Aunque no lo hemos comprobado matemáticamente por lo complejo de la integral a resolver, haciendo una simulación discreta de la variación del ángulo con la gravedad en hojas de cálculo hemos visto que el ángulo de desviación calculado por la fórmula de Snell es muy similar al calculado por la fórmula de Einstein.

El demostrar esa fórmula a través de la ley de Snell es un reto.

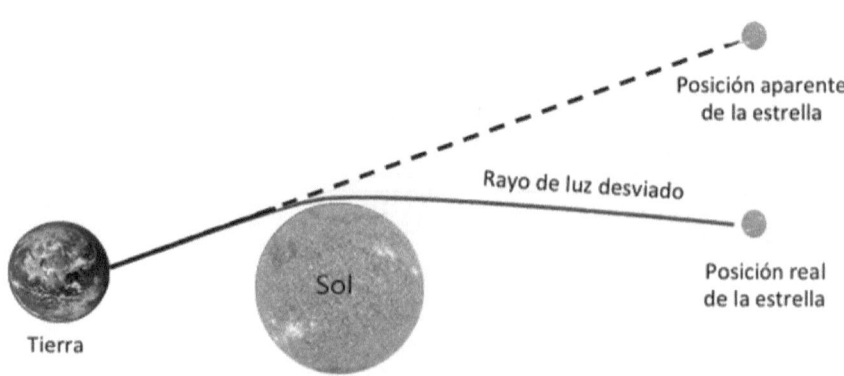

La dispersión de la luz

La dispersión de la luz al pasar por un prisma o una rendija da lugar a la separación de los diferentes colores que forman la luz blanca. O lo que es lo mismo, se produce una diferente refracción en función de la longitud de onda del rayo de luz.

Ese diferente índice de refracción es el que provoca la separación del rayo de luz blanca en sus colores.

Al atravesar un rayo de luz un campo gravitatorio también debería producirse una dispersión por las diferentes longitudes de onda de los fotones que lo componen.

Cuando un fotón atraviesa un campo gravitatorio hemos visto que varía la amplitud de la hélice por la que se desplaza, aumentando.

Ese aumento es inversamente proporcional a la frecuencia a la que gira el fotón, por lo que, a diferentes frecuencias, a diferentes energías del fotón, también son diferentes las amplitudes de deformación de la trayectoria helicoidal.

Por tanto, si un fotón atraviesa tangencialmente un campo gravitatorio, su hélice se ampliará, aumentando la amplitud. Cuanto menor sea la frecuencia, mayor será la amplitud.

Cuando el fotón en su trayectoria helicoidal se encuentre en la zona más cercana al centro del campo gravitatorio, lo sentirá con más fuerza que cuando está en el lado opuesto, por lo que en un punto tendrá una velocidad lineal mientras que, en el otro, tendrá otra diferente.

Esta diferencia entre las velocidades lineales en un lado de la hélice frente al opuesto es el que provoca la refracción de la luz, y es un fenómeno más marcado cuanto menor es la energía del fotón, debido a que mayor es la amplitud de la hélice.

Por tanto, es razonable pensar que un rayo de luz compuesto de múltiples fotones que giran a diferentes frecuencias, éstos pueden tener variaciones en su índice de refracción, separándose por colores, produciendo un proceso de dispersión de la luz.

La máxima velocidad de la luz en el interior de un agujero negro. El horizonte de Gaizka

Imaginemos un agujero negro muy concentrado, tanto que el horizonte de sucesos está muy alejado de su superficie, donde se concentra la masa.

Hemos visto cómo la velocidad de la luz se detiene en el horizonte de sucesos del agujero negro, y que según se avanza hacia el interior, esa velocidad de la luz va aumentando, pero que sólo se puede dirigir en una dirección, hacia el exterior, hacia el horizonte de sucesos.

Pero sabemos que la velocidad de la luz tiene un límite, por lo que habrá un momento en el que los fotones que escapan de la superficie del agujero negro concentrado hacia el horizonte de sucesos lo hagan a la velocidad de la luz.

Esa superficie será la que limite la máxima concentración de la masa que pueda admitir físicamente un agujero negro.

Ahí tenemos una limitación, un nuevo horizonte, que hemos denominado el Horizonte de Gaizka, que marca la concentración máxima que puede soportar la materia que compone un agujero negro.

Este horizonte es fácilmente calculable. En él, la velocidad de escape debería ser 2c.

Para una masa dada, se debe cumplir que:

$$2c = \sqrt{\frac{2GM}{R_G}}$$

Despejando el radio del horizonte de Gaizka, R_G, tenemos:

$$R_G = \frac{GM}{2c^2}$$

Como el radio del horizonte de sucesos de un agujero negro era:

$$R = \frac{2GM}{c^2}$$

Tenemos que:

$$R_G = \frac{R}{4}$$

La mayor concentración de masa de un agujero negro es hasta una cuarta parte del horizonte de sucesos de ese agujero negro, del denominado radio de Schwarzschild.

Por debajo de ese radio los fotones se escapan hacia el horizonte de sucesos a la velocidad de la luz. Este hecho sólo se puede explicar porque la gravedad se mantiene constante a partir de ahí, o lo que es lo mismo, la masa va disminuyendo según disminuye el radio para que la velocidad de escape se mantenga constante al valor de 2c.

En el Horizonte de Gaizka debe encontrarse la superficie del agujero negro, y a partir de él la masa irá disminuyendo, aunque la densidad aumente.

Siempre de manera que la velocidad de la luz intentando escapar de esa masa coincida con la constante "c".

Este horizonte de Gaizka va a ser muy importante para explicar el funcionamiento del Big Bang. Sin embargo, tal y como hemos visto en la formación de un agujero negro, ese horizonte de Gaizka es teórico, ya que la materia se concentra en la superficie y el núcleo nunca llega a colapsar lo suficiente.

En la superficie de un agujero negro

Cuando desarrollamos la fórmula del Todo llegamos a la conclusión de que la permitividad eléctrica dependía de la gravedad. La fórmula que relacionaba esta permitividad con la fuerza gravitatoria es la que se muestra a continuación:

$$\varepsilon_L = \frac{R}{4\pi 10^{-7}(c^2 R - 2GM)} \; {}^{C^2}/_{Nm^2}$$

Otra forma de expresar esta fórmula es:

$$\varepsilon_L = \frac{1}{\mu_0 V_L^2}$$

Ahora bien, imaginemos que estamos en el horizonte de sucesos de un agujero negro.

En ese punto la velocidad de la luz se anula, por lo que la permitividad eléctrica es infinita.

Esto significa que el horizonte de sucesos de un agujero negro se comporta como un conductor de la carga eléctrica perfecto, sin ofrecer resistencia.

La gravedad extrema hace que incluso el vacío sea un superconductor.

Apuntes sobre la radiación de Hawking

El genial científico Stephen Hawking predijo que en el horizonte de sucesos de un agujero negro se podrían formar pares de partícula-antipartícula virtuales que se aniquilarían otra vez, pero con una peculiaridad. Podría darse el caso de que una de las partículas cayera en el interior del horizonte de sucesos, mientras que la otra, en el exterior, por lo que no se aniquilarían.

La partícula que se habría formado en el exterior podría salir del campo gravitatorio del agujero negro, por lo que, en su cómputo global de masa y energía, el agujero negro perdería masa y, por tanto, podrían producirse dos fenómenos.

- El agujero negro perdería masa, y con el tiempo, podría llegar a desaparecer.
- El agujero negro podría ser detectable por la emisión de esa radiación.

Sin embargo, no debemos olvidar la gravedad extrema que hay en las proximidades del horizonte de sucesos de un agujero negro, tan potente que la velocidad de escape de ese horizonte de sucesos debe superar a la de la luz, algo físicamente imposible.

Para que la radiación de Hawking pueda producirse, deben darse dos condiciones:

- La partícula que escapa del horizonte de sucesos debe de hacerlo a la velocidad de la luz, perpendicularmente a la superficie del horizonte de sucesos y crearse en un espacio cuántico lo suficientemente alejado como para que pueda escapar de la gravedad del agujero negro.
- La partícula debe tener una masa muy pequeña para poder salir a una velocidad cercana a la de la luz.

En principio, para poder cumplir esas condiciones, las partículas formadas deberían ser del orden de los neutrinos. Estas partículas son tan pequeñas que viajan a velocidades cercanas a la de la luz debido a su pequeña masa.

Sin embargo, cuando analizamos la materia vimos que el neutrino se forma como subproducto de otras reacciones de desintegración de las partículas.

Por otro lado, el segundo factor que influye en la emisión de radiación de Hawking viene por la densidad energética que exista en el horizonte de sucesos del agujero negro, que dependerá de la cantidad de energía que haya migrado hasta ese punto.

El problema se da para iniciar esa radiación, ya que la velocidad de la luz se ralentiza al acercarse al horizonte de sucesos desde el interior, hasta anularse en el horizonte de sucesos. En teoría nunca alcanzaría ese horizonte de sucesos.

Pero una vez iniciada la emisión de radiación, si el agujero negro pierde masa, el horizonte de sucesos se retraerá, por lo que la energía almacenada cerca del mencionado horizonte de sucesos aflorará aumentando la radiación emitida y, por tanto, la pérdida de masa del agujero negro.

Si en ese agujero ha habido una separación efectiva de la masa y de la energía, cuando toda la energía haya desaparecido, el agujero negro quedará como un núcleo residual, muy comprimido y frío, y habrá perdido la capacidad de emitir más energía.

Por otro lado, una partícula que se acerca al horizonte de sucesos de un agujero negro es capaz de modificar su superficie, de manera que en ese canal entre la partícula y la superficie del horizonte de sucesos se podría colar un fotón que, al volver a caer esa partícula en el horizonte de sucesos, dejaría al fotón fuera, siendo capaz de abandonar el agujero negro.

Por tanto, la radiación de Hawking podría iniciarse por la emisión de fotones por la distorsión del horizonte de sucesos, y seguir por la reducción del radio del horizonte de sucesos por la pérdida de masa.

Resumen de lo expuesto en este apartado

El agujero negro es un fenómeno muy interesante, ya que lleva los extremos de la física al límite.

"El agujero negro se forma a partir de una estrella de neutrones, pero la estrella de neutrones no tiene la capacidad de formar por sí misma un agujero negro, sino que tiene que atrapar a una estrella para formarse"

"En el horizonte de sucesos de un agujero negro, la velocidad de la luz se anula. Sin embargo, en su interior la velocidad se convierte en negativa. Los fotones sólo se pueden desplazar hacia el horizonte de sucesos"

"En la superficie de un agujero negro se acumula la energía que atrapa del exterior y la que proviene de su interior. La superficie de un agujero negro es un espacio muy energético que gira sobre sí mismo a gran velocidad, en algunos casos cercana a la de la luz"

"Al aumenta la gravedad, también lo hace la amplitud del giro de la partícula. El máximo se logra en el horizonte de sucesos de un agujero negro"

"Cuanta menos energía tiene un fotón, mayor es la amplitud de onda que presenta al llegar al horizonte de sucesos de un agujero negro"

"Un fotón al pasar cerca de una gran masa tangencialmente a ella, sufre una refracción, debida a la diferente amplitud que presenta en los extremos de su onda"

"La refracción de la luz se debe también a la variación de su velocidad, por lo que le es aplicable la ley de Snell"

"La luz, al atravesar una gran distorsión gravitatoria, también sufre fenómenos relacionados con la dispersión de la luz"

"La velocidad de la luz, en el interior de un agujero negro teórico con la masa concentrada en el interior, va aumentando, siempre en la dirección del horizonte de sucesos, hasta llegar a un límite, que es "c". Al punto donde se alcanza esa velocidad le hemos denominado el Horizonte de Gaizka"

"El Horizonte de Gaizka marca un límite. En su interior no puede albergarse más masa que la teórica del horizonte de Gaizka. A partir de ahí hacia adentro la masa disminuye, con una densidad tal que se mantenga la velocidad de la luz constante"

"En el horizonte de sucesos de un agujero negro la permitividad eléctrica es infinita. Esa superficie se comporta como un conductor perfecto"

"La radiación de Hawking es más compleja de lo que a primeras parece. El par partícula-antipartícula que debería formarse es neutrino-antineutrino, pero esa partícula se produce como residuo nuclear. Parece más lógico que se forme una partícula derivado de los quarks, como un electrón, que distorsione la superficie del agujero negro puntualmente y por esa distorsión pueda escapar un fotón, antes de que el electrón vuelva a caer"

"La pérdida de masa del agujero negro por la pérdida de fotones haría que poco a poco el horizonte de sucesos se comprimiría, permitiendo la pérdida de masa"

La relación con el Big Bang

La esencia de la singularidad

Cuando analizamos la esencia de la energía y de la materia, nos encontramos con que todo se componía de quantos de energía. Estos quantos, al unirse con la fuerza particular, se comportaban como un fotón, viajando a la velocidad de la luz.

Un fotón puede albergar un número de quantos de energía indeterminado. La singularidad probablemente era un fotón, compuesto por un número increíblemente elevado de quantos de energía.

Ese fotón viajaría a la velocidad de la luz.

Todo el universo, toda su materia y toda su energía, estaría comprimida en un único punto adimensional, en un fotón extremadamente energético.

Ese fotón en principio no tiene masa, pero puede crearla. Puntualmente ese fotón ultraenergético puede formar partículas virtuales, inestables, formadas por un número muy elevado de quantos de energía, que se desintegran otra vez, volviendo al fotón.

Se crean puntualmente campos gravitatorios, que desaparecen volviendo al fotón.

Son estas fluctuaciones en el campo gravitatorio, que se crean de instante a instante, tal y como predice la física cuántica, son las que hacen explotar a la singularidad, pero de una forma controlada.

La fuerza que impulsó el Big Bang

Hemos visto en el capítulo anterior que toda la materia y la energía del universo estaba confinada en un fotón extremadamente energético, que se desplazaba, como todo fotón, a la velocidad de la luz.

En este fotón se producen fluctuaciones en las que se crean partículas virtuales, que debido al elevado número de quantos de energía que las componen, son ultramasivas y, sobre todo, muy inestables.

Llega un momento en el que se crea una superpartícula que es capaz de mantenerse estable durante un tiempo, de manera que se estabiliza el campo gravitatorio a su alrededor.

Es una partícula pequeña pero muy masiva, con un bosón de Higgs asociado muy grande, que crea un campo gravitatorio muy importante. Se crea un pequeño agujero negro y un horizonte de sucesos alejado de la superficie de la superpartícula.

Recordando cuando definimos el Horizonte de Gaizka, éste nos decía que en un agujero negro la materia que se podía contener tras ese horizonte estaba limitada por la velocidad de la luz.

Por tanto, al crearse la superpartícula, se crea un horizonte de sucesos y un horizonte de Gaizka. La partícula queda dentro del horizonte de Gaizka y tiene una masa limitada, de manera que la máxima velocidad del fotón en el interior del espacio ocupado por la partícula es la de la luz.

Y los fotones en los que se ha disgregado la singularidad al crear la superpartícula tienden a escapar hacia el horizonte de sucesos desde la superficie del horizonte de Gaizka, haciendo que el radio del horizonte de Gaizka crezca, y a la velocidad de la luz.

A la vez que crece el universo, la superpartícula se desintegra en otras más pequeñas, algo más estables, pero también muy masivas. Nuevos quantos de energía pasan a crear masa. El horizonte de Gaizka crece a la velocidad de la luz, y la masa que puede albergar también crece. Y el universo primigenio crea la masa que es capaz de albergar a partir de bosones de Higgs muy masivos e inestables.

Los fotones hacen crecer el horizonte de Gaizka en dirección del horizonte de sucesos. Cada vez hay más masa y las partículas que lo componen son más pequeñas.

Las partículas que se crean son inestables, muy masivas, pero están comprimidas por el horizonte de Gaizka. Es la existencia de este horizonte el que limita la masa que puede albergar el universo.

Pero también ese horizonte hace que se cree un horizonte de sucesos externo, y un campo gravitatorio tal que los fotones, que los quantos de energía sólo puedan desplazarse hacia el horizonte de sucesos y a la velocidad de la luz.

Aunque el universo crece a la velocidad de la luz, la energía de la que se parte es muy elevada, y tardará muchos millones de años en alcanzar un tamaño en el cual las partículas creadas sean estables y se deje de crear masa.

Sin embargo, a efectos relativistas, al expandirse a la velocidad de la luz, el tiempo se detiene, por lo que, durante la gran inflación, el tiempo transcurrido es muy pequeño.

Llega un momento en el cual el universo deja de crear masa, debido a que las partículas ya son lo suficientemente estables, sus bosones de Higgs alcanzan estados metaestables más equilibrados. Se han creado miles de millones de agujeros negros partiendo del primero. Empieza la gran disgregación.

Desaparece el horizonte de sucesos externo, y el horizonte de Gaizka, y con él, el motor que propiciaba la expansión del universo. Da comienzo la siguiente etapa.

La gran disgregación

El universo ha crecido de manera que han desaparecido el horizonte de sucesos y el horizonte de Gaizka. La densidad del universo es muy baja, pero las partículas se encuentran agrupadas alrededor de las zonas donde se han ido creando superpartículas inestables en la época de la inflación del universo.

Las superpartículas se han ido desintegrando en otras partículas más estables, que se encuentran muy juntas, creando pequeños agujeros negros se expanden rápidamente. A su alrededor se han creado neutrinos muy energéticos como materia secundaria a las reacciones de desintegración de las superpartículas.

Al desintegrarse las superpartículas, el agujero negro pierde masa, y el horizonte de sucesos se reduce, emitiendo radiación y más neutrinos.

La radiación emitida es rápidamente absorbida por otros agujeros negros cercanos, por lo que su recorrido es más bien escaso. Pero los neutrinos, muy estables, viajan a velocidades cercanas a la de la luz atrapados por los campos gravitatorios de las superpartículas.

Pero muchos agujeros negros van perdiendo su condición de agujeros negros, emitiendo energía y enfriándose.

El universo se va convirtiendo poco a poco en una especie de sopa de puntos, en la que la pasta son los agujeros negros y el agua es la energía que se intercambia entre ellos. Aparecen puntos que se rompen, dejando de atrapar la energía, que llega a otros puntos o agujeros negros.

Es la gran disgregación. Al final nos encontramos con un universo bastante homogéneo, con una temperatura que desciende de forma gradual, pero con la energía atrapada por los agujeros negros, hasta que se llega a un punto, en el cual aparecen fotones emitidos con poca energía y los agujeros negros son cada vez más pequeños.

La radiación de fondo de microondas

Según el Universo se expande, limitando su masa por el Horizonte de Gaizka, nos encontramos con un curioso hecho. La densidad disminuye de forma drástica, a pesar de la limitación que impone el ya mencionado Horizonte de Gaizka.

Vimos cuando analizamos el agujero negro que su densidad global era muy baja, pero que la masa tendía a concentrarse en la superficie, en el horizonte de sucesos. Pero en este caso, en el del Big Bang, en el horizonte de sucesos no hay masa porque ésta está contenida en el interior del horizonte de Gaizka, creciendo a la velocidad de la luz.

También hemos visto que la masa se almacenaba en otras superpartículas que se habían creado a partir de la primera, en antipartículas libres y en materia muy energética, principalmente neutrinos.

La masa que se crea tiende a concentrarse al lado de las superpartículas creadas. Éstas se expanden unidas con el resto del universo, hasta que llega el momento en el que ya no se crea más masa.

Toda la energía y materia del universo se han liberado y el universo supera el horizonte de Gaizka alcanzando el horizonte de sucesos y desapareciendo el gran agujero negro primigenio.

En ese momento alrededor de las singularidades se han creado millones de agujeros negros que van perdiendo energía y disgregándose rápidamente. Es la gran disgregación.

No son grandes agujeros negros, sino realmente muy pequeños, pero en un gran número. Pierden masa y energía rápidamente por la radiación de Hawking, siendo cada vez más pequeños, pero la energía que circula por el universo no es libre.

Los fotones liberados son rápidamente captados por el horizonte de sucesos de cualquier otro agujero negro.

El universo sigue expandiéndose y la materia formada va perdiendo energía, y enfriándose.

El universo es bastante isótropo en esos momentos. Hay muchos pequeños agujeros negros intercambiando energía entre sí, manteniendo un equilibrio térmico. Además, la expansión del universo hace que se vaya enfriando.

Han pasado unos 380.000 años desde que el universo ha superado el horizonte de sucesos inicialmente creado y se expande a una velocidad inferior a la de la luz, por lo que el tiempo se ha hecho apreciable.

Hacia los 3.000 °K ya aparecen los primeros protones y electrones libres, y los primeros átomos de hidrógeno.

La temperatura del universo es bastante constante ya que el intercambio energético es muy equilibrado. Los agujeros negros formados desde las singularidades tienen más o menos el mismo tamaño y la misma edad, disgregándose de forma equilibrada.

Hacia los 2.725 °K pasa un hecho especial, que marca un hito importante en la creación del universo. Los agujeros negros disgregados son ya de un tamaño muy pequeño, y la radiación que emiten las partículas es del ámbito de las microondas.

A esa temperatura la radiación es de 160,2 GHz. Si calculamos la amplitud de esa radiación:

$$A = \frac{c}{2\pi f} = 0,3 \ mm$$

Esa radiación puede rodear un agujero negro de 0,6 mm de diámetro. En ese momento el universo se ha disgregado en agujeros negros de ese diámetro, que tienen a seguir desapareciendo. La energía que emiten las partículas que ya han bajado su temperatura a la ya mencionada puede rodear los agujeros negros, y la puede circular libremente por el universo sin verse atrapada en los horizontes de sucesos de los agujeros negros en desaparición.

Aparece la radiación de fondo de microondas. El universo ya no sólo existe, sino que emite energía libre

El fondo cósmico de neutrinos

Desde el momento en el que comienza la gran disgregación, junto a las superpartículas aparecen otras partículas más pequeñas como subproducto. Las partículas más estables que aparecieron fueron los neutrinos, que tenían unas características muy especiales.

La primera, una masa tan baja que les permitía moverse a velocidades muy cercanas a la de la luz.

La segunda, que su baja masa les hacía prácticamente inmunes a la gravedad. Eran atrapados por los agujeros negros que formaban las superpartículas, pero también escapaban de ellos con relativa facilidad.

Y la tercera que no podían ocupar el mismo espacio cuántico que otras partículas.

Los neutrinos formados en aquella época eran muy energéticos ya que absorbían gran cantidad de fotones que se encontraban por el camino.

Esos neutrinos viajaron libres desde el inicio, al contrario que los fotones, que sólo pudieron escapar de los agujeros negros cuando la temperatura descendió.

Y la temperatura descendía a medida que los neutrinos perdían energía. Hasta que se alcanzó una temperatura lo suficientemente baja como para que los fotones emitidos por los neutrinos fueran del rango de las microondas, lo que, además, coincidió con que la disgregación del universo había creado agujeros negros lo suficientemente pequeños como para ser atravesados por esos fotones.

Se había creado la radiación de fondo de microondas, 380.000 años después de que los primeros neutrinos fueran liberados. Ese fue el tiempo que tardó el universo después de la gran inflación para disgregarse y descender su temperatura lo suficiente como para que la energía comenzara a emitirse.

La velocidad de la luz en los primeros tiempos de la formación del universo

Hemos visto que los fotones durante la gran inflación no podían circular libremente ya que caían rápidamente atrapados en los agujeros negros cercanos.

Llega un momento, en la gran disgregación, en el que los agujeros negros son tan pequeños, y la temperatura del universo ha descendido tanto, que los fotones pueden circundarlos ya que su amplitud ha aumentado al perder energía.

Pero el universo, a pesar de su baja densidad, está formado por agrupaciones muy masivas de partículas, de manera que el espacio-tiempo está muy deformado.

Los fotones se mueven por él con dificultad, en trayectorias muy deformadas, y a una velocidad muy baja aún. La velocidad de la luz en estos primeros momentos es muy limitada porque la gravedad lo invade todo.

Según avanza la disgregación y desaparecen los agujeros negros, el espacio-tiempo está cada vez menos deformado, y aparecen grandes espacios con una gravedad reducida.

Los fotones ya pueden moverse con libertad y a velocidades cercanas a "c". Según la materia se sigue disgregando y la temperatura del universo descendiendo, la velocidad de los fotones aumenta.

Los datos que nos llegan desde el eco del universo primigenio están muy distorsionados ya que los fotones generados en aquella época, cuando se formaron, lo hicieron en unas condiciones de gravedad que han cambiado mucho, por lo que su longitud de onda y su velocidad también ha sufrido variaciones importantes.

Los ecos de aquel universo primigenio tienden a correr hacia el rojo.

El universo plano

Uno de los misterios que tiene nuestro universo es que es prácticamente plano. Si se produjo una gran explosión y el universo creció de una forma equilibrada, lo normal es que se hubiera formado una esfera.

Pero sabemos que eso no es así, que el universo tiene una forma más o menos plana.

Eso significa que la explosión se produjo en un solo plano, como si la explosión hubiera ocurrido en un punto central, pero creciendo en dos dimensiones.

Esto chocaría con lo que hemos deducido hasta ahora. Y, por otro lado, sería lógico pensar que en el centro del universo se habría producido la explosión, y ahí podríamos buscar restos de la singularidad primigenia. Pero no hay indicios de que en las zonas cercanas al centro del universo se haya producido el Big Bang.

Este hecho podría tener una explicación si vamos a la singularidad inicial. Esa singularidad era un fotón con un número considerable de quantos de energía. Y sabemos que el fotón, al no tener masa, se desplaza a la velocidad de la luz.

En el momento en el que se produjo el Big Bang el fotón primigenio, la singularidad, se desplazaba a la velocidad de la luz. Por tanto, la explosión fue dirigida por la dirección inicial que llevaba el fotón.

La creación del espacio-tiempo a partir de las primeras superpartículas se expandió como si se tratara de una superficie semiesférica a partir de ese punto inicial. El espacio-tiempo es como un pañuelo arrugado que con el tiempo se va extendiendo, a partir de ese punto inicial, y avanzando en la dirección que traía el fotón primigenio, la singularidad.

Ese espacio-tiempo va perdiendo velocidad en la dirección que traía inicialmente, pero la expansión se realiza como si de una superficie relativamente plana se tratara.

Esto podría ser una explicación de por qué el universo se ha extendido en una superficie más o menos plana. Pero ese fenómeno también podría explicar otro efecto, como vamos a ver a continuación, el de la expansión acelerada del universo.

La expansión acelerada del universo

Si analizamos los movimientos a los que estamos sometidos, veríamos que tenemos un movimiento de rotación sobre la superficie de la Tierra. También una traslación alrededor del sol. El sol se mueve a través de la Vía Láctea, arrastrando a la Tierra en su movimiento. También nuestra galaxia se mueve girando junto con un conjunto de galaxias cercana.

Ese conjunto de galaxias se mueve también dentro del universo separándose del resto, mientras se expande, y hemos visto en el capítulo anterior que el conjunto del universo tiene un movimiento de traslación desde que se formó en la gran explosión.

Por otro lado, la percepción que tenemos del universo viene limitada por la velocidad de la luz. Así pues, si miramos al cielo, vemos la posición de la luna de hace un par de segundos. Un sol donde estaba hace 8 minutos. Júpiter nos muestra su posición de hace media hora. La primera estrella que vemos, Próxima Centauri, la situamos allí donde estaba hace 4 años. Y seguimos alejándonos, viendo galaxias, nebulosas, en la posición en la que estaban hace miles o incluso millones de años.

Un fotón que salga de una galaxia lejana tardará un tiempo en llegar hasta nosotros. Pero ese tiempo es mayor del que parece, ya que el fotón no se desplaza en línea recta hasta nosotros, porque, como hemos visto en el capítulo anterior, el universo tiene un movimiento de traslación.

Por tanto, ese fotón seguirá una trayectoria oblicua, más larga, que la inicialmente planteada. Y ese espacio extra a recorrer será mayor cuanto más a los extremos se encuentre la galaxia, cuanto más lejana de nosotros se encuentre.

Nosotros medimos la velocidad a la que se aleja una galaxia de nosotros por el corrimiento al rojo de la luz que nos llega de ella. Cuanto mayor sea la velocidad con la que se aleja, mayor será el corrimiento al rojo.

O lo que es lo mismo. Como la velocidad de la luz es constante, si el foco de luz se aleja de nosotros, la frecuencia del rayo de luz aumentará, dando la sensación de que la luz es más rojiza, ya que partimos de la premisa de que la luz que se emite es de una frecuencia similar independientemente de dónde se sitúe la galaxia que la emite.

Como hemos visto, la luz no nos llega directamente desde la galaxia que la ha emitido, sino de forma oblicua ya que el universo se ha desplazado transversalmente.

Cuanto más cercana esté la galaxia, la luz nos llegará de forma menos oblicua y, por tanto, el corrimiento al rojo será menor que si la luz ha partido hace mucho más tiempo, desde los confines del universo, ya que la tierra habrá avanzado mucho más y los fotones nos llegarán de forma más oblicua, con un corrimiento al rojo mayor.

La expansión acelerada del universo podría tener su explicación en este movimiento de traslación del universo, sumado al crecimiento del universo por los efectos del Big Bang.

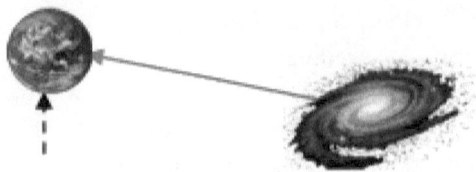

Si la galaxia está más cerca, la Tierra no se ha desplazado mucho desde que partió el fotón y llega de forma menos oblicua y, por tanto, la Tierra se aleja a menos velocidad de esa galaxia., el corrimiento al rojo es menor

El fotón parte de la galaxia, pero al estar más cerca, el desplazamiento de la Tierra es menor.

Si la galaxia está más lejos, la Tierra se habrá desplazado mucho para cuando el fotón la alcanza, y lo hace de forma más oblicua, y la Tierra se aleja a más velocidad de la galaxia, el corrimiento al rojo es mayor

En cambio, aquí la Tierra se ha desplazado mucho más, ya que el fotón ha tardado más tiempo en llegar

La evolución del Universo

Cuando se produce el Big Bang partimos de un fotón ultraenergético. Ese fotón comienza a crear superpartículas muy masivas, pero también muy inestables.

Sólo son estables en el instante que ocupan un volumen limitado por el horizonte de Gaizka. Esto no significa que sea una única partícula, sino que son múltiples partículas, compuestas por un número muy elevado de quantos de energía que, al disponer de más espacio para crecer, se desintegran rápidamente en otras.

Esto se produce mientras el universo se disgrega hasta que, con el tiempo, se empiezan a crear partículas estables, tanto que ya no se desintegran tan fácilmente.

Aun así, las partículas se siguen desintegrando, formando otras más simples, otros equilibrios estables más sencillos. La física cuántica nos lo explica de forma sencilla. Una partícula, formada como ya hemos visto, por quantos de energía, cambia de espacio cuántico en función de la energía de que dispone.

Si existe la posibilidad de que, en un cambio de espacio cuántico, la partícula se desintegre, tarde o temprano, lo hará. Esa desintegración puede ser reversible, o sea, a partir de las partículas resultado de la desintegración se obtenga la partícula primigenia.

Pero generalmente, la probabilidad de que la partícula se desintegre generando partículas más simples es mayor de que el mismo hecho ocurra al revés. Por tanto, las partículas tenderán a disgregarse y desintegrarse en partículas más simples.

Una vez finalizó la gran disgregación las partículas creadas eran estables, entendiendo como estables partículas cuyo periodo de desintegración es suficientemente grande.

Las partículas ya estables están formadas por un número de quantos de energía limitado, creando partículas de un tamaño similar. Esas partículas estables son prácticamente las que conocemos en la actualidad.

Las partículas ya estables tienen también otra característica, que es que al desintegrarse forman fotones también estables, del orden de la radiación gamma como mucho.

Las partículas se seguirán desintegrando, emitiendo fotones en forma de radiación gamma y partículas más pequeñas, como neutrinos o electrones.

Las partículas pierden energía cinética, en forma de fotones. Las radiaciones más energéticas que proceden de la energía cinética de las partículas son las del orden de los rayos X, que se emiten por electrones muy energéticos que se frenan de repente.

Otras partículas menos energéticas también pierden energía, en forma de ultravioleta, luz visible, infrarrojos… pero esta energía ya no está tan asociada directamente a la desintegración de partículas.

Por ejemplo, la radiación electromagnética emitida por las estrellas por las reacciones nucleares que destruyen partículas son rayos gamma. Sin embargo, estos fotones tan energéticos excitan a partículas cercanas cediendo rápidamente energía que las calienta. La radiación gamma tiene poca penetración porque enseguida cede la energía a partículas circundantes.

Sin embargo, esas partículas que se han excitado pierden a su vez energía, al enfriarse, en forma de radiaciones menos energéticas, aunque más penetrantes y, sobre todo, más estables.

El fin del Universo

Hemos visto como el Universo se expande, separándose del punto donde se produjo el Big Bang. La expansión es irreversible y las galaxias, por grupos, se alejan unas de otras.

Las estrellas van agotando su energía, colapsando. Algunas estrellas quedan atrapadas por esas estrellas agotadas, convertidas en estrellas de neutrones, y se transforman en agujeros negros.

Los agujeros negros van absorbiendo las estrellas y galaxias a su alrededor, creciendo, hasta que agotan toda la materia a su alrededor.

Durante esa absorción, se han emitido fotones en forma de rayos gamma y rayos X, y se han empezado a emitir neutrinos, la partícula más sencilla y con más posibilidades de escapar del horizonte de sucesos del agujero negro.

El agujero negro irá perdiendo masa en forma de neutrinos y fotones, debido a la radiación de Hawking, mientras la energía atrapada se acumula en la superficie.

Las partículas emitidas desde el agujero negro, los neutrinos, apenas interaccionan con el resto del universo. Se pierden en el espacio.

Con el tiempo, poco a poco, los agujeros negros perderán su energía, convirtiéndose en deformaciones del espacio-tiempo a la deriva, alejándose despacio unos de otros, mientras la energía en el universo se ha dispersado en forma de fotones y neutrinos.

El universo habrá muerto.

Resumen de lo expuesto en este apartado

El Big Bang es la teoría más aceptada sobre el origen del Universo.

"La esencia de la singularidad fue un fotón ultraenergético, con un número increíblemente elevado de quantos de energía, viajando a la velocidad de la luz"

"El Big Bang se creó por inestabilidades y fluctuaciones cuánticas dentro del fotón, que creó partículas muy complejas, con bosones de Higgs asociados muy pesados"

"Al final se crea una partícula estable, muy masiva, que crea un agujero negro con un horizonte de sucesos asociado, y un horizonte de Gaizka que contiene toda la masa"

"La partícula se expande limitada por el horizonte de Gaizka, que se expande a la velocidad de la luz, disgregándose dentro de él en partículas cada vez más estables, pero también muy masivas"

"La masa contenida en ese espacio la limita el Horizonte de Gaizka. Según éste crece, y con él, el universo, se pueden crear bosones de Higgs más masivos, y el universo albergar más masa"

"La etapa de inflación del universo dura miles de millones de años, pero como se hace a la velocidad de la luz, el tiempo está muy distorsionado, por lo que aparentemente sólo han pasado 380.000 años"

"Se produce una gran disgregación, durante la cual el universo es bastante isótropo ya que los intercambios energéticos son muy estables"

"Al final de la gran disgregación se han formado miles de millones de agujeros negros, muy masivos, pero muy pequeños. Según se enfría el universo, los agujeros negros son cada vez más pequeños, y el universo se enfría. Hay un momento que el universo está tan frío y los agujeros negros son tan pequeños que las microondas pueden rodearlos. Aparece la radiación de fondo de microondas"

"Desde el origen del universo, como subproducto de las reacciones nucleares de génesis, se crean neutrinos"

"En el origen del universo, la velocidad de la luz estaba muy distorsionada por la gravedad"

"El universo es plano debido a que la explosión original viene dirigida por la velocidad y la dirección del fotón primigenio"

"La expansión acelerada es debida a que el universo mantiene un movimiento de traslación desde la explosión original"

"El final del universo se producirá por su conversión total en neutrinos y fotones"

Lo expuesto en este libro

Compendio de planteamientos

La partícula elemental es el quanto de energía

Las partículas se componen de una partícula fundamental, el quanto de energía que se mantiene unido formándolas gracias a una nueva fuerza, la fuerza particular.

El quanto de energía vibra con una frecuencia inferior a $2,3 \cdot 10^{-4}$ Hz y su longitud de onda es superior a $1,3 \cdot 10^{12}$ m.

En las proximidades de la partícula o del núcleo atómico las ecuaciones de Maxwell no se cumplen de forma continua

En las proximidades de la partícula se generan ondas de fuerza estacionarias que a su vez crean pozos finitos energéticos donde se colocan otras partículas.

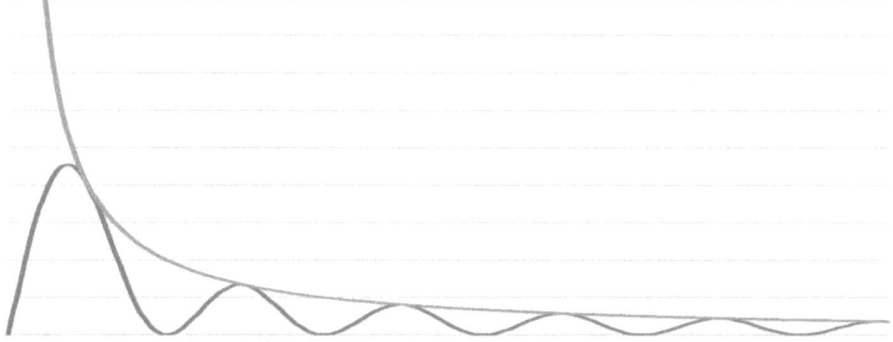

En la naturaleza hay 4 fuerzas fundamentales.

Las fuerzas fundamentales son la fuerza particular, la fuerza nuclear, que puede ser fuerte o débil, la fuerza gravitatoria y la electromagnética.

El núcleo atómico se compone de 4 partículas compuestas, nucleones, que pueden ser protones o neutrones y mesones, que pueden ser piones positivos o negativos.

La suma de los nucleones del núcleo caracteriza el peso atómico, mientras que la suma, tiendo en cuenta su signo, de los protones y piones caracteriza el número atómico del elemento.

La cuantificación del espacio y del tiempo está relacionado con el movimiento ondulatorio de la partícula

La oscilación de la partícula crea campos energéticos estacionarios a su alrededor. Es en esos campos de energía donde se pueden colocar las partículas, creando espacios cuánticos.

La materia y la antimateria se relacionan por la Frontera de Urko, siendo dos manifestaciones de la misma partícula.

Las partículas giran sobre sí mismas, mediante saltos cuánticos. Cuando el salto es tan importante que es superior a 180°, el cada salto cuántico la partícula virtualmente gira tanto que lo hace en sentido contrario. Ese punto en el cual la partícula gira sobre sí misma 180' en cada salto cuántico la denominamos Frontera de Urko.

La asimetría entre materia y antimateria se explica por la Frontera de Urko.

Hay considerablemente más partículas que giran a una velocidad por debajo de la que marca la Frontera de Urko que por encima, ya que se necesita menos energía para mantenerla como partícula que como antipartícula.

Una antipartícula puede ocupar el espacio cuántico de su partícula.

Pero al ocuparlo, se forma una nueva partícula unión de ambas, inestable, que se aniquila en forma de energía, uniéndose los quantos de energía que formaban tanto la partícula como la antipartícula en dos fotones muy energéticos.

Hay una partícula elemental, el quanto de energía, y varias partículas elementales

Las partículas elementales son el fotón, los quarks U y D, el gluon, el neutrino, el bosón eléctrico, el bosón de Higgs y el bosón W.

Hay partículas fundamentales que necesitan parasitar a otras para subsistir

Estas partículas son el bosón de Higgs, el bosón eléctrico y el bosón W.

A partir de combinaciones de partículas fundamentales se crean partículas compuestas

Las más conocidas son los nucleones y bariones, compuestas de un gluon, tres quarks, dos de ellos iguales, un bosón eléctrico y un bosón de Higgs. También el electrón y el positrón, compuestos por un quark, un antiquark, un bosón W, un bosón de Higgs y un bosón eléctrico.

El movimiento del fotón es en forma de hélice.

El fotón se desplaza como una hélice, girando sobre sí mismo, generando un campo electromagnético por su movimiento.

El fotón varía de velocidad con la gravedad.

La fórmula que relaciona la velocidad del fotón con la gravedad es la siguiente:

$$V_L = c \sqrt{1 - \frac{2GM}{Rc^2}}$$

La permitividad eléctrica está relacionada con la gravedad.

La fórmula que relaciona la permitividad eléctrica con la gravedad es la siguiente:

$$\varepsilon_L = \frac{R}{4\pi 10^{-7}(c^2 R - 2GM)} \; C^2/Nm^2$$

El neutrino se forma como subproducto de reacciones nucleares

La generación del neutrino es a partir de quantos de energía derivados de desintegraciones nucleares.

El neutrino oscila constantemente entre partícula y antipartícula

El neutrino tiene tanta energía que puede traspasar la Frontera de Urko constantemente y oscilar entre neutrino y antineutrino.

El neutrino oscila constantemente entre las tres generaciones de la materia

El bosón de Higgs asociado al neutrino es muy inestable y constantemente varía entre sus tres estados metaestables. Como el neutrino viaja a velocidades cercanas a la de la luz, el tiempo en él está muy distorsionado y la probabilidad de detectar a un neutrino en cualquiera de sus tres estados, electrón, muon o tau es la misma.

El nucleón crea constantemente pares quark-antiquark

Esa creación es la que hace variar al nucleón entre protón y neutrón, es la que crea los mesones y mantiene estable energéticamente al núcleo atómico. También es la responsable de las desintegraciones que estabilizan energéticamente determinados isótopos.

Los núcleos atómicos fuera de una región estable se desintegran, ya sea con desintegraciones alfa, beta positiva o beta negativa, para lograr la estabilidad.

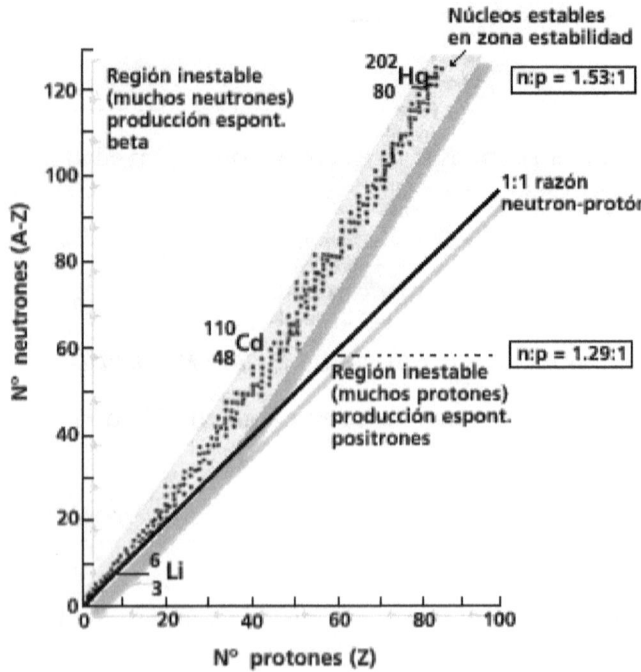

Que el protón sea mucho más estable fuera del núcleo atómico que el neutrón hace posible que el universo exista

Si el protón no fuera estable, los bariones acabarían desintegrándose en neutrinos y fotones, y no sería posible la formación de la materia

Los electrones se colocan como una nube electrónica alrededor del núcleo atómico

Se mantienen con una energía estable, y gracias a ello es posible el efecto fotoeléctrico. Si un fotón los excita, pero sin la capacidad energética suficiente, ceden la energía y vuelven a su estado estable. Si les dota de la energía suficiente, escapan del campo de fuerza eléctrica.

La generación de una partícula alfa se produce por inestabilidades dentro del núcleo atómico

En determinados espacios se crea una isla energética estable formada por cuatro nucleones y dos piones, manteniendo una carga eléctrica constante de dos quantos eléctricos positivos.

Los fotones en un agujero negro adquieren velocidad negativa

Los fotones dentro del agujero negro sólo pueden desplazarse hacia el horizonte de sucesos. Cuando un fotón se acerca al horizonte de sucesos del agujero negro su frecuencia se anula, pero al sobrepasarlo esa frecuencia se hace negativa, o lo que es lo mismo, su velocidad se hace negativa.

La energía del agujero negro se acumula en el horizonte de sucesos

Los fotones se desplazan hacia el horizonte de sucesos, por lo que toda la energía acaba acumulándose en su superficie.

La materia acumulada en el agujero negro se distribuye en capas concéntricas.

Esto se debe a que cada vez que atrapa una estrella, su masa queda atrapada en la superficie, junto con la energía del agujero negro. Si atrapa otra estrella, la energía se muda a la superficie junto con el horizonte de sucesos, dejando una capa de materia que va colapsando poco a poco hacia el núcleo.

La amplitud de onda del fotón varía con la gravedad y con la frecuencia

En ausencia de gravedad, la amplitud se anula, desplazándose el fotón a la velocidad de la luz girando sobre sí mismo. Pero cuando aparece gravedad, la amplitud de la hélice aumenta. Para un mismo campo gravitatorio, la amplitud será mayor cuanto menor sea la energía, la frecuencia del fotón.

La fórmula que rige esta variación es la siguiente:

$$A = \frac{1}{\pi f}\sqrt{\frac{GM}{2R}}$$

La variación de la velocidad de la luz es la que provoca el fenómeno de su refracción por campos gravitatorios.

La refracción de la luz se debe que la luz cambia de un medio a otro por el que circula a menor velocidad. Con los cambios gravitatorios pasa exactamente igual.

La variación de la velocidad de la luz por la gravedad provoca fenómenos de dispersión.

La variación de la amplitud del desplazamiento del fotón en función de la frecuencia deber provocar fenómenos de dispersión también por campos gravitatorios.

En el interior del agujero negro hay una superficie tras la cual la masa contenida está limitada. Es el Horizonte de Gaizka.

La velocidad negativa del fotón aumenta tras el horizonte de sucesos, hasta un máximo, cuando vuelve a ser "c". A partir de ahí la masa que hay está limitada.

La fórmula que determina el radio del Horizonte de Gaizka es la siguiente:

$$R_G = \frac{GM}{2c^2} = \frac{R}{4}$$

Siendo R el radio del horizonte de sucesos.

El horizonte de sucesos es superconductor.

En el horizonte de sucesos la permitividad eléctrica es infinita, o lo que es lo mismo, la conductividad es también infinita.

En un agujero negro, la radiación de Hawking irá aumentando paulatinamente.

Esto se debe a que, al perder masa, el horizonte de sucesos se retrae y la energía que se acumula en él se libera por esa retracción. Las partículas creadas tienen más facilidad para abandonar el agujero negro, y cada vez hay más energía capaz de crear esas partículas en el exterior del horizonte de sucesos.

La singularidad que dio origen al Big Bang se originó a partir de un fotón

Ese fotón tenía un número muy elevado de quantos de energía, formando un bosón muy energético que acabó formando una superpartícula, la primera partícula estable con masa.

La fuerza que impulsó el Big Bang fue el Horizonte de Gaizka.

Al crearse las primeras superpartículas ultramasivas, apareció un horizonte de sucesos, pero también un Horizonte de Gaizka, que limitaba la masa que podía albergar ese universo, pero que lo hacía crecer a la velocidad de la luz hacia el horizonte de sucesos.

La gran disgregación dio lugar a la formación de múltiples agujeros negros.

Durante el periodo de inflación la materia se fue estabilizando en forma de superpartículas que se desintegraban en partículas más estables a su alrededor, que acabaron formando agujeros negros cuando desapareció el horizonte de sucesos alrededor del universo.

La radiación de fondo de microondas se formó al final de la gran disgregación.

Se produjeron dos fenómenos que dieron lugar a esta radiación de microondas. Por un lado, la materia libre alrededor de los agujeros negros procedentes de la gran disgregación se fue enfriando y emitiendo fotones con cada vez menos energía, y por otra los agujeros negros eran cada vez más pequeños.

Hubo un momento en el que los agujeros negros eran más pequeños que la amplitud de la hélice que describía el fotón al acercarse a ellos, por lo que éste era capaz de rodearlos, emitiéndose la primera energía libre.

El fondo cósmico de neutrinos se forma como subproducto a la disgregación de las superpartículas desde el inicio del universo.

Los neutrinos aparecen desde el inicio de la gran disgregación, alrededor de las superpartículas, como subproducto de su desintegración. No se ven apenas afectados por la gravedad, ni se recombinan para formar otras partículas, por lo que aparecen libres desde el inicio del universo.

El universo es plano debido a que la singularidad era un fotón viajando a la velocidad de la luz.

La dirección que traía ese fotón hace que el Big Bang sea una explosión dirigida, y que toda la materia creada lo haga en una dirección. El universo por tanto es prácticamente plano porque proviene de un punto, desplazándose en su conjunto en la dirección que traía el fotón primigenio.

El universo se expande aceleradamente debido a que la singularidad era un fotón viajando a la velocidad de la luz.

Lo mismo que antes, ese desplazamiento del universo en su conjunto en una dirección, junto con el hecho de que la velocidad de la luz sea un límite físico, hace que los fotones procedentes de las galaxias más alejadas a la tierra la alcancen desde un punto más oblicuo y, por tanto, con un corrimiento al rojo mucho mayor que los fotones procedentes de galaxias más cercanas, que alcanzan la tierra sin que ésta se haya desplazado tanto como en el primer caso.

El final del universo será en forma de una radiación de fotones y neutrinos.

Las galaxias acabarán siendo absorbidas por agujeros negros que perderán su energía en forma de radiación de Hawking, como neutrinos. Las partículas libres se desintegrarán con el tiempo en procesos irreversibles, creando fotones y neutrinos, estables, que irán desapareciendo en el vacío del espacio.

Hipótesis y teorías

Planteamiento	Tipo	Fórmulas	Demostración
La única partícula elemental es el quanto de energía	Hipótesis	-	La única forma de que se cumpla la Ley de Planck es si la energía está discretizada.
Las partículas se componen de quantos de energía	Hipótesis	-	Las partículas se descomponen en otras, entre, generando también fotones. Esto se explica finalmente si se parte que toda las partícula están compuestas de quantos de energía.
La fuerza que une a los quantos de energía es la fuerza particular	Hipótesis	-	Son esa fuerza, los quantos de energía se disgregan.
La cuantificación del espacio y del tiempo están relacionados con el movimiento ondulatorio	Hipótesis	-	El movimiento ondulatorio de las partículas crea ondas estacionarias que a su vez crean pozos finitos de diferentes fuerzas.
Las ecuaciones de Maxwell no son continuas en las proximidades de la fuente de fuerza	Consecuencia	-	La nube electrónica se coloca en determinadas distancias alrededor del núcleo. Se crean campos de fuerza estable, a modo de pozos finitos. El camino de la demostración sería el efecto fotoeléctrico.
La materia y la antimateria se relacionan por la Frontera de Urbo, siendo dos manifestaciones de la misma partícula	Hipótesis	-	La oscilación del neutrino con antineutrino sería la clave de esta hipótesis.
La materia entre materia y antimateria se explica por la Frontera de Urbo.	Consecuencia	-	Si la antimateria es materia en un estado energético superior, se explicaría perfectamente esta asimetría.
Un antiquanto puede ocupar el espacio cuántico de su partícula.	Hipótesis	-	El camino para esta demostración está relacionado con su aniquilación formando una partícula inestable antes.
Las partículas fundamentales son el fotón, el neutrino, los quarks U y D, el gluón, el bosón eléctrico, el bosón de Higgs y el bosón W	Hipótesis	-	Es un modelo hipotético de partículas a partir del quanto de energía.
Hay partículas con entidad propia y otras que las permiten para poder emitir	Consecuencia	-	Así se explican determinadas fuerzas presentes en las partículas como la carga eléctrica o la masa.

Planteamiento	Tipo	Fórmulas	Demostración
Las partículas compuestas son más conocidas son el protón, el neutrón, los nucleones, los mesones, los electrones y los positrones.			
Los fotones son partículas puras, no son partículas por ninguna otra	Hipótesis	-	Los fotones no tienen carga eléctrica, ni masa, ni atraen a los quarks.
Los fotones son un subproducto de interacciones energéticas	Hipótesis	-	No hay fotones con más energía que los rayos gamma, procedentes de desintegraciones energéticas.
Los neutrinos son un subproducto de interacciones entre partículas	Hipótesis	-	Demostrando la oscilación del neutrino entre partícula y antipartícula no sólo se demostraría la hipótesis de la Frontera de Urko, sino que además no se crean espontáneamente pues de neutrino-antineutrino, por lo que un único fuente de generación sería como subproducto de interacciones nucleares.
Que el protón sea más estable que el neutrón libre que el universo emita	Teoría	-	Si ambos fueran inestables acabarían disgregándose en neutrinos y fotones, y no emitirían las partículas.
Las fuerzas nucleares débil y fuerte las crea el gluon	Hipótesis	-	La estabilidad del protón podría explicar esta hipótesis.
El gluon crea constantemente pares de quark-antiquark	Hipótesis	-	La estabilidad del protón podría explicar esta hipótesis.
El movimiento del fotón es en forma de hélice.	Teoría	-	La hélice es una onda en tres dimensiones.
El fotón varía de velocidad con la gravedad.	Teoría	$V_L = c\sqrt{1 - \dfrac{2GM}{Rc^2}}$	La refracción y la dispersión de la luz se deben a la variación de la velocidad del fotón.
La permitividad eléctrica está relacionada con la gravedad.	Teoría	$E_L = 4\pi 10^{-7}\dfrac{R}{(c^2R - 2GM)}\ C^2/Nm^2$	La variación de la velocidad del fotón relaciona la gravedad con la permitividad eléctrica.

Planteamiento	Tipo	Fórmulas	Demostración
Los fotones en un agujero negro adquieren velocidad negativa	Teoría	$V_L = c\sqrt{\dfrac{2GM}{Rc^2} - 1}$	En el horizonte de sucesos del agujero negro la velocidad del fotón se anula, y la longitud de onda también. Una vez superado, sólo pueden ser negativos.
La energía del agujero negro se acumula en el horizonte de sucesos	Consecuencia	-	La observación del movimiento de la materia en el horizonte de sucesos de agujeros negros supermasivos puede comprobarlo.
La materia acumulada en el agujero negro se distribuye en capas concéntricas.	Hipótesis	-	La oscuridad en la superficie de un agujero negro cuando atrapa una estrella es el camino para su demostración.
La amplitud de onda del fotón varía con la gravedad y con la frecuencia	Teoría	$A = \dfrac{1}{mf}\sqrt{\dfrac{GM}{2R}}$	El camino para esta demostración viene por el estudio de la radiación de fondo de microondas.
La variación de la velocidad de la luz es la que provoca el fenómeno de su refracción por campos gravitatorios.	Consecuencia	-	El reto está en relacionar la ley de Snell con la fórmula de Einstein
La variación de la velocidad de la luz por la gravedad provoca fenómenos de dispersión.	Consecuencia	-	A través de lentes gravitatorias se deberían comprobar la variación de colores de la luz emitida por estrellas.
El horizonte de sucesos es superconductor.	Consecuencia	$\varepsilon_L = 4\pi 10^{-7}(c^2 R - 2GM)\,\dfrac{R}{}\ \ C^2/Nm^2$	La emisión de rayos X por parte de los planos de los agujeros negros es el camino de demostración.
En el interior del agujero negro hay una superficie tras la cual la masa contenida está iluminada. Es el Horizonte de Caución.	Teoría	$R_G = \dfrac{GM}{2c^2} = \dfrac{R}{4}$	Si la velocidad de la luz se torna negativa tras el horizonte de sucesos, y aún estando, debe dejar a un límite.
En un agujero negro, la radiación de Hawking irá aumentando paulatinamente.	Teoría	-	Al perder masa el agujero negro, su horizonte de sucesos se retrae, y como la energía se acumula en sus proximidades, se libera con más facilidad.

Planteamiento	Tipo	Fórmulas	Demostración
La singularidad que dio origen al Big Bang se originó a partir de un fotón.	Hipótesis	-	Si se demuestra que materia y energía son componentes de quantos de energía, esta hipótesis cobraría valor.
La fuerza que impulsó el Big Bang fue el Horizonte de Gurba.	Hipótesis	-	Sigue dependiendo de que se demuestre que materia y energía están compuestos de quantos de energía.
La gran disgregación dio lugar a la formación de múltiples agujeros negros.	Teoría	-	Observaciones recientes parecen corroborarlo.
La radiación de fondo de microondas se formó al final de la gran disgregación.	Hipótesis	-	Relación entre la gran disgregación y la variación de amplitud con la gravedad.
El fondo cósmico de neutrinos se formaría como subproducto a la disgregación de las superpartículas desde el inicio del universo.	Hipótesis	-	Esta hipótesis cobra valor si se demuestra que materia y energía están formados por quantos de energía.
El universo es plano debido a que la singularidad en un fotón viajando a la velocidad de la luz.	Hipótesis	-	También relacionado con los quantos de energía.
El universo se expande aceleradamente debido a que la singularidad era un fotón viajando a la velocidad de la luz.	Hipótesis	-	Aunque es una posibilidad, también el almacenamiento de energía en los neutrinos podría explicarlo.
El final del universo será en forma de una radiación de fotones y neutrinos.	Hipótesis	-	Las desintegraciones de partículas dan lugar a neutrinos como subproducto.

Hacia la demostración empírica

El quanto de energía

Se trata de una demostración muy complicada ya que la capacidad de detección de una energía tan pequeña como la que posee un quanto de energía con nuestros métodos actuales se antoja muy complicado.

La única manera de demostrar su existencia es a partir de la energía del fotón. Si un fotón no puede tener energía 0, si un fotón no se puede desplazar en línea recta sin oscilar, entonces quedaría demostrado que el fotón es una partícula compuesta por quantos de energía y que deben estar unidos por una fuerza, que debe ser la fuerza particular.

En caso contrario debería existir una partícula, llamada fotón, que pudiera tener energía 0 y no oscilar, o sea, que su frecuencia fuera 0, por lo que se longitud de onda debería ser infinita, o sea, desplazarse en línea recta.

Demostrando que esa partícula, ese fotón sin energía que no oscila y que se desplaza en línea recta, no existe, queda demostrada la existencia del quanto de energía.

Relación entre la ley de Snell y la fórmula de Einstein

La ley de Snell nos dice que cuando la luz cambia de un medio a otro a través del que circula a distinta velocidad, también varía su dirección, en un ángulo definido.

Esta ley se representa por la siguiente ecuación:

$$\frac{sen\theta_1}{V_1} = \frac{sen\theta_2}{V_2}$$

La velocidad de la luz con la gravedad varía de forma progresiva. No es un cambio brusco de velocidad. Pero esa variación debe producir un cambio en la dirección del rayo de luz.

Que se produce una variación en la trayectoria del fotón por la gravedad ya se ha comprobado y se corresponde con la fórmula de Einstein:

$$\alpha = \frac{4GM}{Rc^2}$$

Hemos hecho un cálculo aproximado con una hoja Excel y hemos encontrado que el ángulo de desviación de un fotón que pasa por la superficie del sol es de 1,88 segundos de grado. Si lo calculamos con la fórmula de Einstein el ángulo sería de 1,74 segundos de grado.

Las mediciones de Sir Arthur Eddington en el experimento del eclipse de sol de 1919 variaban entre 1,69 y 1,98 segundos de grado.

Esa variación de la velocidad mediante la fórmula calculada queda demostrada por el estudio de la variación de la frecuencia con la gravedad, pero empíricamente podría quedar también demostrada por el experimento de eclipse de sol de 1919 y por otros posteriores.

Comprobación de la variación de la permitividad eléctrica

La fórmula que relaciona la permitividad eléctrica con la gravedad es la siguiente:

$$\varepsilon_L = \frac{R}{4\pi 10^{-7}(c^2R - 2GM)} \; C^2/Nm^2$$

La permitividad eléctrica en el vacío en la superficie de la tierra sería de $8,85 \cdot 10^{-12}$ C^2/Nm^2, muy similar a la permitividad en una órbita geoestacionaria a 35.786 km de altura.

La diferencia de permitividad eléctrica entre la superficie y esa órbita geoestacionaria es de apenas $1,05 \cdot 10^{-20}$ C^2/Nm^2. Algo muy complicado de medir.

La manera de ver esa diferencia sería plantear un experimento basado en la física cuántica, en la superficie de la tierra y en un satélite geoestacionario. El experimento consistiría en crear un campo eléctrico constante y controlado entre dos puntos, en el vacío, con dos puntas idénticas enfrentadas.

Se trataría de contar los electrones que saltan del negativo al positivo. En un período suficientemente grande de tiempo, se debería constatar que, en el espacio, con menos gravedad, saltan porcentualmente menos electrones de un punto a otro que en la superficie de la tierra.

Comprobación de la dispersión de la luz

Un objeto muy masivo como un agujero negro crea lo que se denomina una lente gravitatoria. Esto se debe a que objetos luminosos como galaxias que están situados detrás emiten fotones que son desviados en sus trayectorias por el objeto masivo. Se crean halos alrededor del objeto masivo, distorsionando la visión del objeto.

En la figura, cuya fuente es Wikipedia, se comprende cómo funciona una lente gravitacional.

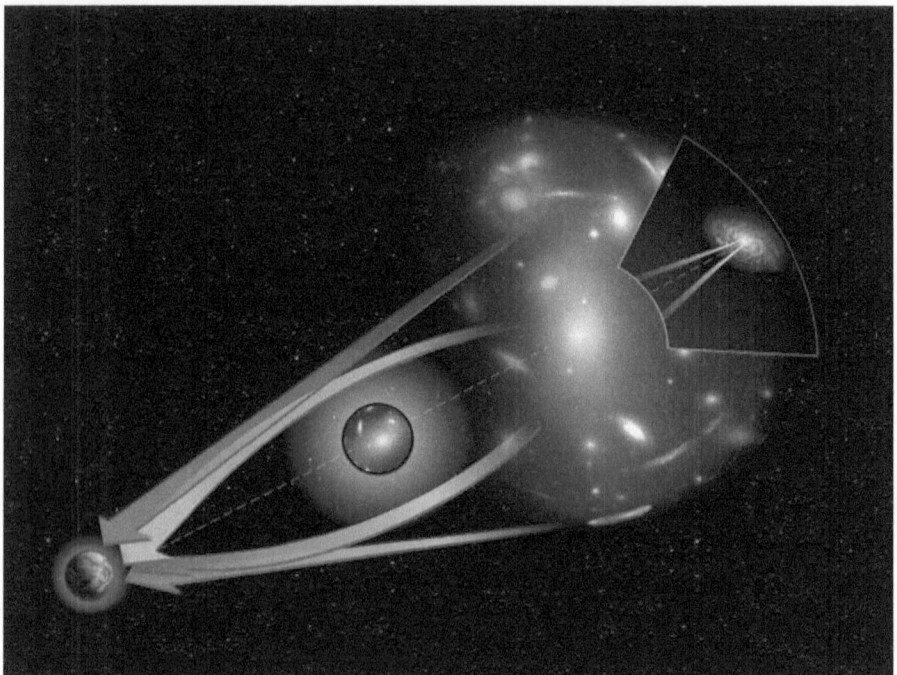

Lo que se ve por una lente gravitacional es un halo alrededor del objeto. Alrededor del objeto supermasivo aparece la galaxia que se encuentra detrás formando una especie de halo.

La visión de la galaxia posterior distorsionada por la lente gravitacional es como se muestra en la siguiente figura.

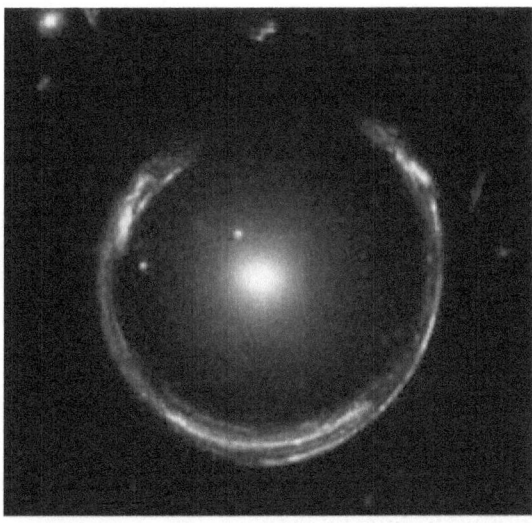

Ahora imaginemos que lo que hay detrás de la lente gravitacional, que puede ser un pequeño agujero negro, es una estrella, que emite luz blanca, una mezcla del espectro lumínico.

La estrella emite luz en todas direcciones, pero al pasar cerca del agujero negro, creará el halo, tal y como hemos visto. Si la luz se dispersa como afirmamos en el capítulo correspondiente a la dispersión de la luz, se formará un halo alrededor del agujero negro como una separación de los colores del arco iris.

Sin embargo, se trata de una comprobación compleja ya que se tiene que dar en un agujero negro no demasiado masivo, para que detrás de él no se encuentre oculta una galaxia completa, y que justo en línea, detrás, haya una estrella lo suficientemente potente como para que a la tierra nos llegue el halo disperso.

El estudio de las oscilaciones de neutrinos

El estudio de las oscilaciones del neutrino es algo muy reciente. Aunque fue predicha en 1957 por Bruno Pontecorvo, no ha sido realmente hasta 2015 cuando se ha comprobado esa oscilación en el Observatorio de Neutrinos de Sudbury.

Los neutrinos oscilan no solo en los tres sabores, electrón, muon y tau, sino también entre partícula y antipartícula.

Esa oscilación puede ser el camino para demostrar que la materia y la energía están compuestos por la misma esencia, los quantos de energía.

La energía en el neutrino se almacena de dos maneras, como momento lineal o como masa. Y la oscilación hace que parte de esa energía pueda variar entre el momento lineal y la masa.

Si se demuestra que esa oscilación entre los dos términos de la ecuación de Einstein mantiene la energía global del neutrino invariable, la única solución posible es que la energía y la materia están formados por la misma esencia, los quantos de energía.

Así mismo, si la oscilación entre neutrino y antineutrino mantiene invariable el momento lineal, la única solución posible es que el momento lineal es capaz de transmutarse entre velocidad y frecuencia.

La dificultad radica en que la masa del neutrino es tan pequeña que por mucha energía que disponga, su velocidad apenas varía, siendo prácticamente la de la luz, por lo que el momento lineal del neutrino es muy difícil de medir.

La velocidad de giro de un agujero negro

Se está observando en algunos agujeros negros que su velocidad de giro es muy alta. Por ejemplo, un agujero negro situado en el sistema estelar binario 4U 1630-47 gira a velocidades cercanas al 90% de la de la luz. Este agujero negro tiene la masa de unos 10 soles.

Es famoso el agujero negro supermasivo OJ 287, un sistema binario, que gira sobre sí mismo a un tercio de la velocidad de la luz.

El NGC 1365 gira a una velocidad cercana a la de la luz, siendo también un agujero negro supermasivo.

En los agujeros negros supermasivos la densidad es muy pequeña, y lo que podemos detectar es lo que ocurre en las proximidades de su horizonte de sucesos.

Esta acumulación de materia y de energía en la superficie daría validez a la teoría que dice que los fotones sólo se pueden desplazar hacia la superficie del horizonte de sucesos, y que la materia se acumula en ese horizonte de sucesos, atravesándolo por el crecimiento del radio del mencionado horizonte de sucesos por el aumento de la masa del agujero negro.

Que la velocidad de la materia presente en la superficie del agujero negro aumente tanto sólo puede deberse a una acumulación de energía en esa superficie.

El estudio de la materia existente en esa superficie y la energía necesaria para que alcance esa velocidad deberían demostrar que la energía se acumula en las proximidades del horizonte de sucesos y que esto es debido a que los fotones sólo pueden desplazarse hacia el horizonte de sucesos del agujero negro.

Relación entre la gran disgregación y la radiación de fondo de microondas

Hay dos hechos relacionados. El primero, la gran disgregación, que llegó a su final con pequeños agujeros negros que iban desapareciendo. El segundo, el enfriamiento de la materia libre en el universo.

El planteamiento que se hace es que hubo un momento en el que los agujeros negros formados por la gran disgregación al final de la inflación cósmica eran tan pequeños que radiaciones electromagnéticas de poca energía podrían rodearlas.

Ese momento se produjo cuando la temperatura de la materia, que era más o menos isótropa en todo el universo al final de la gran disgregación, rondaba los 3.000°K.

Si se demuestra que la luz pudo ser emitida porque los agujeros negros que se disgregaban eran lo suficientemente pequeños y dejaron de atrapar los fotones que se generaban, antes incluso de su desaparición, se podrá demostrar que la amplitud de la onda helicoidal que describe el fotón podía rodear el agujero negro y seguir su camino.

El estudio del momento en el que se originó la radiación cósmica de microondas es vital a la hora de demostrar la variabilidad de la velocidad de la luz con la gravedad.

Consecuentemente, la demostración de la variación de la velocidad de la luz con la gravedad puede ayudar a explicar la generación de la radiación cósmica de fondo de microondas.

Referencias

Libros y artículos

Fisicanova: Una aproximación a la realidad. *Jaime Delgado Avendaño*

Breve historia del tiempo. *Stephen Hawking*

¿Por qué E=mc2? *Brian Cox*

Curso de Teoría de la Relatividad y de la gravitación. *A. Logunov*

Observación de Ondas Gravitacionales desde un agujero negro binario. *B.P. Abbott*

El universo de Einstein. *Michio Kaku*

La constante cosmológica y la energía oscura. *P.J.E Peebles y Bharat Ratra*

La radiación cósmica del cuerpo negro y la existencia de singulares en nuestro universo. *Stephen Hawking y G.F. Ellis*

Relatividad general. *Robert Wald*

La física de neutrinos. *Vernon Barger, Danny Marfatia y Kerry Lewis Whisnant*

El fondo de radiación de microondas. *Charles Seife*

Otras fuentes

Wikipedia

El tamiz <u>eltamiz.com</u> *Pedro Gómez Esteban*

La Pizarra de Yuri <u>lapizarradeyuri.com</u> *Antonio Cantó*

Sobre el autor

Ingeniero Técnico Industrial en Química industrial, e Ingeniero Industrial en Organización Industrial, el autor ha trabajado durante toda su vida en el ámbito de la energía y el medio ambiente.

Comenzó su carrera profesional diseñando centrales de cogeneración y depuradoras de agua, para centrarse posteriormente en el mundo de la I+D+i en el mundo de las energías renovables.

Durante si vida profesional ha trabajado en centros de I+D, ha tenido una empresa de ingeniería y trabajado en otras empresas relacionadas con la electricidad, diseñando y realizando instalaciones de baja tensión, de alta tensión y de producción de energía basada en fuentes renovables.

También ha diseñado aerogeneradores de mediana potencia, sistemas de seguimiento solar y otro equipamiento eléctrico.

Independientemente de su experiencia laboral, desarrolló una afición por el estudio tanto de la mecánica de partículas como de los agujeros negros. Analizando el comportamiento del fotón, llegó a la conclusión de que su energía debía estar discretizada, y de ahí nació este libro.

Otra de sus aficiones es la literatura, habiendo publicado un buen número de novelas en los más diversos géneros, desde el humor hasta la novela negra, desde la ciencia ficción hasta la novela infantil.

Pero esa… es otra historia.

www.ingramcontent.com/pod-product-compliance
Lightning Source LLC
Chambersburg PA
CBHW030622220526
45463CB00004B/1386